KB250303

메이크업미용사

Makeup Artist Certification

실기

조효정 · (주)에듀웨이 R&D 연구소

지음

카페 닉네임 기입란

메이크업미용사 실기 동영상 강의 인증용 등업방법

1. 본 출판사 카페(eduway.net)에 가입합니다.

2. 위의 기입란에 카페 가입 닉네임을 볼펜(또는 유성 네임펜)으로 기입합니다.

3. 스마트폰 등으로 이 페이지를 촬영한 후 본 출판사 카페의 '(동영상)메이크업미용사'
   → '도서인증'에 게시합니다.

4. 카페매니저가 확인 후 등업을 해드립니다.

EDUWAY
에듀웨이

Author's profile

조효정

- 미국Cinema Make-up School 수료
- 고려대학교 정책대학원 최고위과정 메이크업 특강
- 한국미용기능경기대회 심사위원
- 메이크업 아티스트 자격검정 심사위원
- 뷰티IGO 대표
- SBS 좋은 아침 생방송–패션트렌드 유행경향
- SBS 아카데미뷰티학원 신촌이대캠퍼스 지사장
- 한국미용경기대회 부위원장 및 심사위원
- 한국뷰티직업전문학원 고문
- 우성예술전문학교 학과장
- 송곡대학교 뷰티예술학과 외래교수
- 한국 콘서바토리 외래교수
- 서울종합예술전문학교 전임교수
- 명지전문대학교 뷰티메니지먼트과 외래교수
- 정화예술대학교 미용예술학부 겸임교수

도움을 준 이

- 모델 : 김효정, 박선영, 김선희, 최아름, 노현희, 김단
- 재료 : 피카소브러쉬, LUA NOVA, 메이크업매직, 분장몰

【국가직무능력표준(NCS) 기반 메이크업 학습모듈】

　이 책은 미용사(메이크업) 실기시험을 준비하는 수험생에게 무엇보다 실기시험 합격을 위한 명확한 기준을 제시하고자 하였습니다. 아울러 시험장에 들어가기 전에 반드시 숙지해야 할 내용들을 수험생의 입장에서 다음 몇 가지 특징을 염두에 두고 집필하였습니다.

【이 책의 특징】
첫째, 이 책의 가장 큰 특징은 심사기준, 심사포인트, 감점요인입니다. 감독위원들이 어떤 부분을 중점적으로 심사를 하는지, 또 감점요인에는 어떤 것들이 있으며, 어떤 점을 특별히 주의해야 하는지 등에 관한 내용을 집필하였습니다.
둘째, 공단에서 공개한 수험자 요구사항과 주의사항을 그대로 복사해서 전달하는 방식이 아니라 해당 시술 과정 곳곳에 말꼬리 설명이나 Checkpoint를 통해 정리하여 핵심적인 내용은 쉽게 이해할 수 있도록 하였습니다.
셋째, 각 과제마다 전체 시술과정을 도식화하여 한눈에 파악할 수 있도록 하였습니다. 복잡하거나 헷갈릴 수 있는 과정을 한눈에 볼 수 있어 전체 과정을 쉽게 이해하는 데 도움이 될 것입니다.
넷째, 전체 시술과정에 대한 무료 동영상강의를 제공하였습니다. 책으로는 다소 부족할 수 있는 부분을 동영상으로 보면서 보다 완벽하게 준비할 수 있도록 하였습니다. 이 책을 구입한 독자분이라면 에듀웨이 카페에서 간단한 인증절차를 거쳐 보실 수 있습니다.

이 책으로 공부하신 여러분 모두에게 하나님의 은혜가 늘 함께 하시고 합격의 영광이 합격의 영광이 있기를 기원합니다.

저자 드림

출제 기준표

Examination Question's Standard

- **시 행 처** | 한국산업인력공단
- **자격종목** | 미용사(메이크업)
- **실기검정방법** | 작업형
- **시험시간** | 약 2시간 35분
- **합격기준** | 100점을 만점으로 하여 60점 이상
- **수행직무** | 특정한 상황과 목적에 맞는 이미지, 캐릭터 창출을 목적으로 위생관리, 고객서비스, 이미지분석, 디자인, 메이크업 등을 통해 얼굴 · 신체를 연출하고 표현하는 직무

주요항목	세부항목	세세항목
1 메이크업 위생관리	1. 메이크업 위생 관리하기	1. 메이크업시설, 설비 및 도구/기기 등의 소독 및 먼지 제거 2. 메이크업 작업 환경 청소 3. 메이크업 시행에 필요한 기기 · 도구 · 제품 체크리스트 4. 메이크업 도구관리 체크리스트에 따라 사전점검 작업 실시
	2. 메이크업 재료 · 도구 위생 관리하기	1. 고객 예약시간, 전담디자이너 일정 등을 시스템으로 관리 2. 예약현황, 대기상황, 메이크업 절차 등을 고객에게 안내 3. 메이크업 서비스에 대한 고객의 요구와 문제 상황에 대응 4. 메이크업샵 고객 서비스 매뉴얼의 작성
	3. 메이크업 작업자의 위생 관리하기	1. 재료, 도구, 기기 등의 청결 관리 2. 구강, 손, 복장 등의 청결 관리 3. 고객위생과 관련한 감염관리 지침개발과 예방교육 실시
2 메이크업 카운슬링	1. 얼굴특성 파악하기	1. 관찰, 질문 등을 통해 얼굴형태, 이미지, 특성 등을 진단지에 기록 2. 고객요구, 스타일, 콘셉트 등을 고려하여 얼굴 특성 파악
	2. 메이크업 디자인 제안하기	1. 고객의 요구와 얼굴 특성을 반영한 메이크업 시안을 고객에게 설명 2. 고객의 요구를 반영하여 메이크업 디자인 제안
3 메이크업 기초화장품 사용	1. 기초화장품 선택하기	1. 피부분석법을 통해 고객의 피부 진단 2. 피부타입별 제품을 선택하여 클렌징 3. 피부유형에 따라 기초 화장품의 제형 선택
	2. 기초화장품 사용하기	1. 기초화장품을 바르는 순서 선택 2. 피부의 일시적인 이상, 트러블에 대해 조치

주요항목	세부항목	세세항목
4 베이스 메이크업	1. 피부표현 메이크업하기	1. 얼굴의 피부색 및 피부 톤에 따른 베이스 제품 구분 2. 베이스 제품의 질감, 발림, 밀착성 등을 고려한 제품 선택 3. 베이스 제품의 특성에 따른 표현 도구 사용
	2. 얼굴윤곽 수정하기	1. 얼굴 피부 유형, 피부 톤 상태에 따른 윤곽수정 제품 사용 2. 피부의 추가적인 결점 보완을 위한 제품 선택
5 색조 메이크업	1. 아이브로우 메이크업하기	1. 눈썹형태, 얼굴형, 디자인 등에 따른 아이브로우 이미지 구분 2. 얼굴형태, 메이크업 디자인을 위한 눈썹 정리 3. 아이브로우 이미지 표현을 위해 색상, 형태 등을 수정 · 보완 4. 메이크업디자인, 스타일 등에 따른 아이브로우 표현
	2. 아이 메이크업하기	1. 재료의 특성에 따른 질감, 발색, 밀착성, 발림성 등을 구분 · 선택 2. 눈의 형태, 결점보완을 위한 아이섀도우 사용 3. 메이크업 디자인에 적합한 눈매 표현 4. 눈의 형태, 눈동자 모발 및 눈썹 등을 고려하여 아이라인 표현 5. 속눈썹 상태, 메이크업 디자인에 적합한 마스카라 제품을 사용
	3. 립&치크 메이크업하기	1. 입술 형태에 따른 립 메이크업을 디자인 2. 입술 형태, 상태에 따른 립 메이크업 제품을 선택 3. 입술 형태에 따른 립 메이크업을 수정 보완 4. 얼굴 형태, 피부 톤, 메이크업디자인에 따른 치크 메이크업을 디자인 5. 제품 유형별 표현 이미지를 구분하여 치크 메이크업을 실행 6. 메이크업 이미지에 따른 립&치크 컬러를 연출
6 속눈썹 연출	1. 인조속눈썹 디자인하기	1. 고객의 속눈썹의 상태, 눈의 형태 등 구분 2. 눈의 형태에 따라 인조속눈썹을 디자인 · 제작
	2. 인조속눈썹 작업하기	1. 인조 속눈썹 부착을 위한 제품, 도구 사용 2. 속눈썹과의 자연스러운 조화를 위해 수정 3. 제품 · 도구 등을 활용하여 인조속눈썹 제거 4. 작업에 사용한 제품 · 도구 등의 위생 관리
7 속눈썹 연장	1. 속눈썹 연장하기	1. 스킨 테이프 및 패치를 이용하여 사전작업 준비 2. 속눈썹 연장을 위한 이물질 및 유분기 제거 3. 고객의 눈매에 따른 속눈썹 길이, 굵기, 컬 등 선택 4. 속눈썹 연장 용도에 맞는 도구 활용 5. 속눈썹 연장을 위한 글루의 양을 조절하여 사용
	2. 속눈썹 리터치하기	1. 접착상태, 눈매와의 조화를 고려한 속눈썹 리터치 2. 접착상태가 불량한 속눈썹 일부를 제거 및 재부착 3. 리터치를 위한 인조 속눈썹과 잔여물 등 제거

주요항목	세부항목	세세항목
8 본식 웨딩 메이크업	1. 신랑신부 본식 메이크업하기	1. 웨딩 콘셉트를 반영한 본식 신랑, 신부 메이크업 2. 웨딩 메이크업 유지를 위한 메이크업 수정 · 보완
	2. 혼주 메이크업하기	1. 혼주의 연령, 얼굴 형태, 피부 상태 파악 2. 혼주의 이미지에 적합한 메이크업 3. 혼주의 이미지 유지를 위한 메이크업 수정 · 보완
9 미디어 캐릭터 메이크업	1. 미디어 캐릭터 기획하기	1. 작품 분석을 통해 인물 간 역학관계, 성격, 특성 등 캐릭터 파악 2. 연기자(모델)의 이미지, 체형 등의 분석 3. 캐릭터의 특성이 반영된 메이크업 디자인을 일러스트로 표현 4. 캐릭터 특성을 표현하기 위한 부가적인 소품을 활용 5. 작품의도, 촬영 현장 사정에 따라 캐릭터 콘셉트 수정
	2. 볼드캡 캐릭터 표현하기	1. 볼드캡 제작을 위한 재료를 선택 2 볼드캡을 부착한 대머리 캐릭터 표현 3. 볼드캡을 사용한 다양한 캐릭터 연출 4. 볼드캡 리무버를 사용한 제거
	3. 연령별 캐릭터 표현하기	1. 연령대별 캐릭터 표현을 위한 재료 사용 2 파운데이션을 이용한 음영 표현 3. 망수염의 손질 · 부착 4. 생사 또는 인조모를 사용한 수염 표현 5. 부착물을 안전하게 제거
	4. 상처 메이크업 하기	1. 병증으로 인한 피부 증상 표현 2. 시간 경과에 따른 멍의 표현 3. 단순 상처의 표현 4. 단계별 화상 상태의 표현 5. 동상에 걸린 피부의 표현
10 메이크업 고객 서비스	1. 방문 고객 응대하기	1. 방문 고객에게 인사 2. 고객의 소지품과 의복 등을 보관 · 관리 3. 예약을 원하는 경우 메이크업아티스트의 스케줄을 고려하여 예약 4. 고객의 방문사유를 확인한 후 대기 또는 작업 공간으로 안내 5. 대기하고 있는 고객에게 다과 및 책자 제공 6. 작업 종료된 고객에게 작업내역과 요금 안내 후 정산 7. 고객에게 배웅인사
	2. 전화 상담 고객 응대하기	1. 전화를 받고 끊을 때 응대 요령 2. 잘못 걸려온 전화를 예절에 맞게 응대 3. 전화 상담 또는 온라인 시스템 이용한 예약서비스

주요항목	세부항목	세세항목
11 메이크업 고객 서비스	3. 불만 고객 응대하기	1. 불만 고객에게 정중하게 사과 2. 고객의 불만족 사유를 적극적인 자세로 경청 3. 불만 사항에 대해 파악 4. 요구사항에 대한 신속한 대처 5. 불만 사항 처리 후 그 결과에 대한 만족도를 확인
12 트렌드 메이크업	1. 트렌드 조사하기	1. 패션, 헤어스타일, 컬러, 메이크업, 제품 정보 등의 트렌드 파악 2. 패션, 헤어스타일, 컬러 등의 트렌드 정보를 포트폴리오 구성
	2. 트렌드 메이크업 하기	1. 최신 메이크업 트렌드를 일러스트로 표현 2. 최신 트렌드 정보를 메이크업에 적용
	3. 시대별 메이크업 하기	1. 시대별 사회 · 문화적 배경, 패션, 메이크업 스타일의 특징 파악 2. 시대별 메이크업 특성을 일러스트로 표현 3. 시대별 메이크업 특성을 반영한 디자인 실행

주요 평가 사항

01. 작업자와 고객 위생관리를 포함한 메이크업 용품, 시설, 도구, 기기 등을 청결히하고 지속적인 성능을 유지하여 안전하게 사용할 수 있도록 관리·점검
02. 상담을 통해 고객의 얼굴특성, 피부상태, 고객의 요구를 파악하여 고객에게 메이크업 디자인 제안
03. 고객의 얼굴 피부상태 및 디자인에 따른 기초화장품 사용
04. 피부 이미지 표현을 극대화하기 위하여 색조 메이크업 전 단계로 메이크업 베이스에서 파우더까지 실행
05. 고객의 얼굴 형태와 특성, 이미지 등과 조화를 이룰 수 있는 아이브로우, 아이, 립&치크 메이크업 실행
06. 눈의 형태 등을 고려한 인조 속눈썹의 디자인 및 제작·연출
07. 고객의 눈매에 따른 속눈썹 길이, 굵기, 컬 등을 선택하여 연장하고 리터치 후 제거
08. 고객의 만족감을 향상시키기 위하여 메이크업 샵을 방문하는 고객, 전화 상담 고객, 불만족 고객을 응대, 관리
09. 웨딩 이미지를 반영한 신랑, 신부, 혼주 메이크업
10. 작품분석을 통한 캐릭터 설정 및 재료의 종류와 사용법을 구분한 표현
11. 패션, 헤어스타일, 컬러, 메이크업, 제품 정보 등의 트랜드 파악 및 시대별 메이크업 특성을 반영한 디자인 실행

실기응시절차

Accept Application - Objective Test Process

전체 검정일정은 큐넷 홈페이지 또는 에듀웨이 카페에서 확인하세요.

01
시험일정 확인

원서접수기간, 필기시험일 등 큐넷 홈페이지에서 해당 종목의 시험일정을 확인합니다.

1 한국산업인력공단 홈페이지(**q-net.or.kr**)에 접속합니다.

2 화면 상단의 로그인 버튼을 누릅니다. '로그인 대화상자가 나타나면 아이디/비밀번호를 입력합니다.

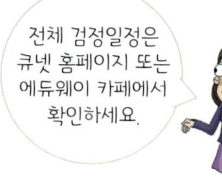

※회원가입 : 만약 q-net에 가입되지 않았으면 회원가입을 합니다.
(이때 반명함판 크기의 사진(200kb 미만)을 반드시 등록합니다.)

3 메인 화면에서 원서접수를 클릭하고, 좌측 원서 접수신청을 선택하면 최근 기간(약 1주일 단위)에 해당하는 시험일정을 확인할 수 있습니다.

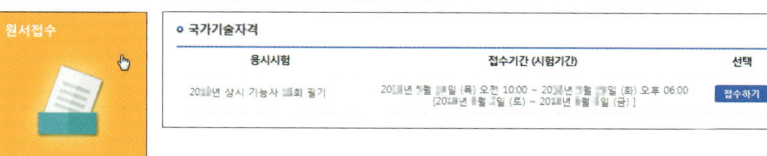

02
원서접수현황 살펴보기

4 좌측 메뉴에서 원서접수현황을 클릭합니다. 해당 응시시험의 [현황보기]를 클릭합니다.

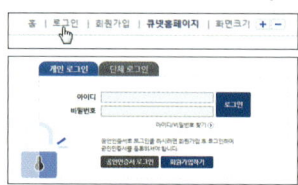

5 그리고 자격선택, 지역, 시/군/구, 응시유형을 선택하고 [🔍] (조회버튼)을 누르면 해당시험에 대한 시행장소 및 응시정원이 나옵니다.

만약 해당 시험의 원하는 장소, 일자, 시간에 응시정원이 초과될 경우 시험을 응시할 수 없으며 다른 장소, 다른 일시에 접수할 수 있습니다.

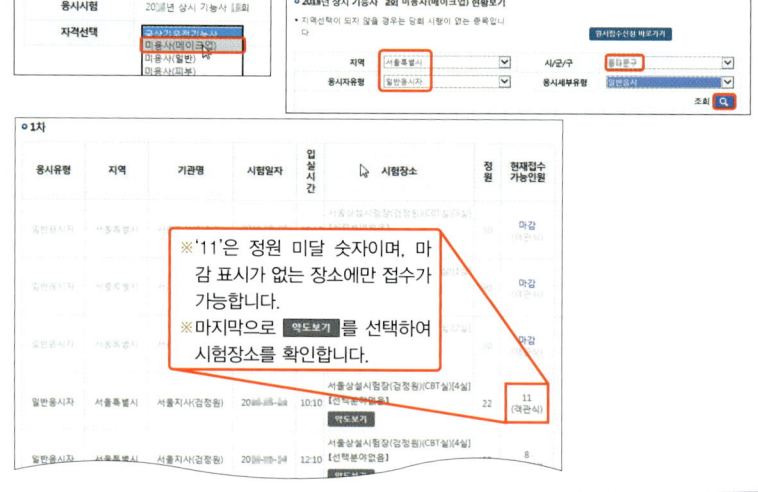

※'11'은 정원 미달 숫자이며, 마감 표시가 없는 장소에만 접수가 가능합니다.
※마지막으로 [약도보기]를 선택하여 시험장소를 확인합니다.

03
원서접수

6 시험장소 및 정원을 확인한 후 오른쪽 메뉴에서 '원서접수신청'을 선택합니다. 원서접수 신청 페이지가 나타나면 현재 접수할 수 있는 횟차가 나타나며, 접수하기 를 클릭합니다.

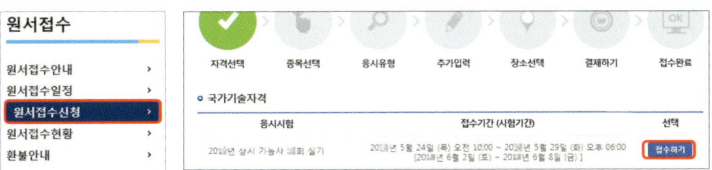

7 응시종목명을 선택합니다. 그리고 페이지 아래 수수료 환불 관련 사항에 체크 표시하고 다음 (다음 버튼)을 누릅니다.

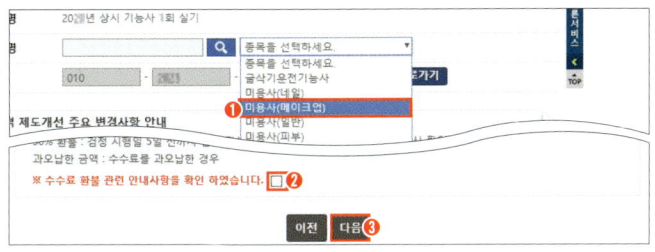

날짜, 시간, 시험장소 등 마지막 확인 필수!

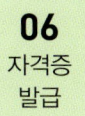

8 자격 선택 후 종목선택 – 응시유형 – 추가입력 – 장소선택 – 결제 순서대로 사용자의 신청에 따라 해당되는 부분을 신택(또는 입력)한 다

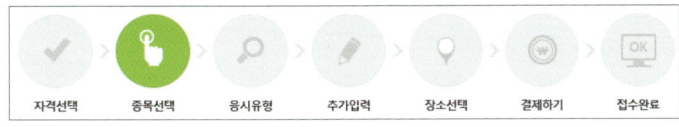

※**응시료**
• 필기 : 14,500원   • 실기 : 17,200원

04
실기시험 응시

실기시험 시험일 유의사항
❶ 실기시험용 도구·재료 지참 및 모델 동석
❷ 고사장에 30분 전에 입실(입실시간 미준수시 시험응시 불가)
  ※기타 실기시험에 관련 기본 내용은 16페이지 참조

05
합격자 발표

필기시험 합격자에 한하여 실기시험 접수기간에 Q−net 홈페이지에서 접수

06
자격증 발급

공단지사에 직접 방문하여 수령받거나 인터넷에 신청하면 우편으로 수령받을 수 있음

※ 기타 사항은 한국산업인력공단 홈페이지(q-net.or.kr)를 방문하거나 또는 전화 1644-8000에 문의하시기 바랍니다.

이 책의 구성

합격에 필요한 심사기준 및 심사포인트 수록 ▶

- 심사기준 및 심사포인트를 과제별로 수록하여 시술에 있어 반드시 수행해야 할 부분을 정리하였습니다.
- 특히 심사기준에 배점을 두어 단계별로 중요도를 나타내었습니다.

▼ 과제별로 주로 과정 색상 비교!

과제별로 아이브로, 아이섀도, 아이라인, 치크, 립의 색상을 비교·정리하였습니다.

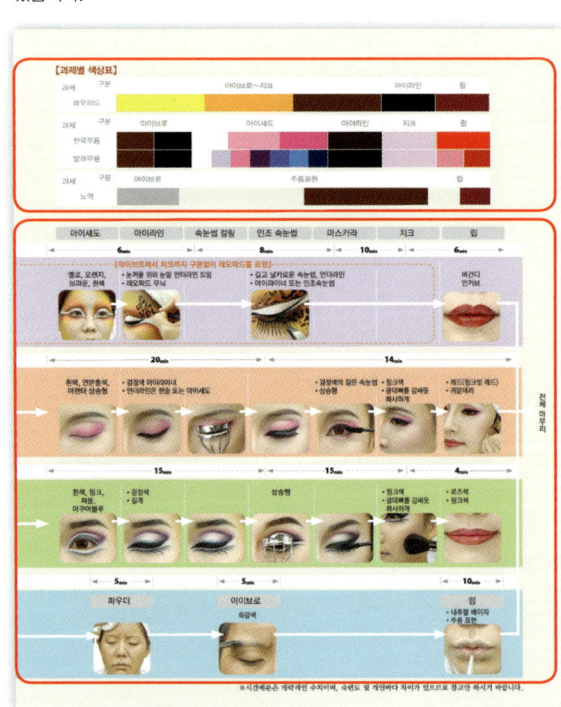

▲ 과제별로 전체 과정을 비교·정리!

각 과제별로 전체 과정을 도식화하여 쉽게 이해할 수 있도록 하였으며, 제한 시간 내에 작업을 마칠 수 있도록 과정별 시간 배분 기준을 제시하였습니다.

과제별로 과제 요구사항 및 필수 제품·도구를 ▶
정리하였습니다.

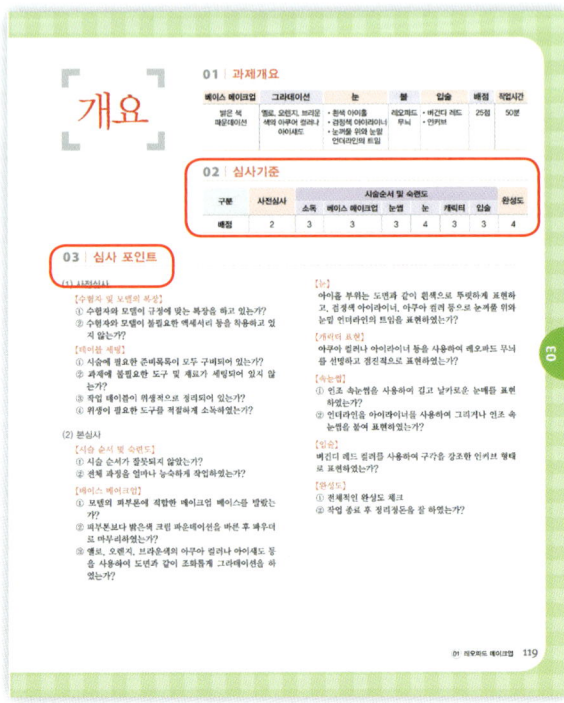

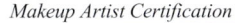

Makeup Artist Certification

Composition

| Checkpoint |
아이섀도는 베이스 컬러를 펴 바르고, 포인트 컬러로 눈꼬리 부분에 포인트를 준다. 이 때 전체적으로 강하지 않고 부드러운 느낌을 주는 것이 중요하다. 섀도를 음영만 주는 대신 아이라인과 마스카라를 강조, 눈에 깊이감을 주도록 한다.

◀ Checkpoint
각 단계별로 놓치지 않아야 할 내용이나 중요사항을 설명하였습니다.

| 팁 | 흰색 파운데이션으로 아이홀과 과장된 언더라인 아래폭에 색을 발라 준 후 흰색 아이라인을 그 위에 덧바르면 짧은 시간에 방색력을 높일 수 있다.

◀ 팁과 주의
해당 단계에 유용한 팁이나 주의사항을 설명하였습니다.

주의 | 너무 두껍시 입,로툭 힌티.

◀ 풍부한 사진과 꼼꼼한 설명
독자의 이해를 돕기위해 시술에 관련된 사진을 최대한 많이 실었으며, 저자의 경험과 노하우를 최대한 반영하여 상세히 설명하였습니다.

BALLET Makeup - finish works

Finish Works와 동영상
마지막으로 최종 완성작을 수록하여 참고할 수 있도록 하였습니다.
또한 책으로는 다소 부족할 수 있는 부분을 동영상으로 보면서 시험에 완벽하게 대비할 수 있도록 하였습니다. (에듀웨이 카페 참조)

미용사(메이크업) 도구 & 재료

미용사(메이크업) 실기시험에 반드시 필요한 도구 및 재료의 종류를 정리해보자!

도구와 재료를 구분하여 정리하면 시술과정을 보다 빠르게 이해할 수 있죠

브러시 세트

아이섀도 팔레트

메이크업 팔레트(플레이트판)

공통
Common

가운

비닐봉투와 테이프

스킨소독제(안티셉틱)
시술 전 · 후에 손 소독

미용티슈

타월

어깨보 및 헤어밴드

소독된 거즈

소독제

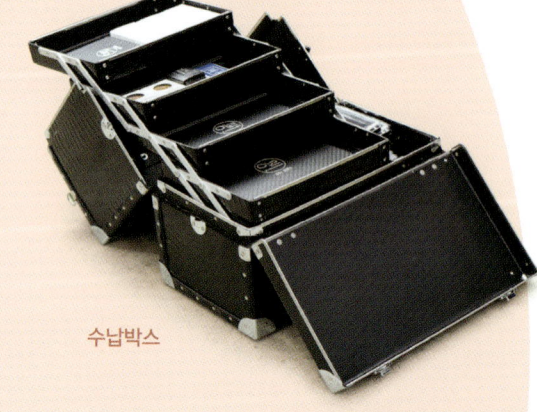

수납박스

14

메이크업 베이스

파운데이션(리퀴드)

파운데이션(스틱)

분첩

페이스 파우더

더블콤팩트

인조 속눈썹

인조 속눈썹용 접착제
(글루)

스펀지 퍼프

뷰러

인조 속눈썹용 가위

아이브로 펜슬

립글로스

립 팔레트

립라인 펜슬

브라운 펜슬

젤 아이라이너

아트용 컬러
(아쿠아 컬러)

물통

아이라이너

마스카라

아트용 브러시

면봉

더마왁스

실러

족집게

스파츌라

15

가공된 수염

핀셋(일자형)

고정 스프레이

수염 관리

미용가위(수염재단용)

수염 접착제(스프리트 검)

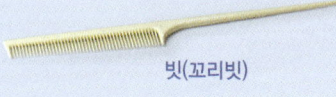

빗(꼬리빗)

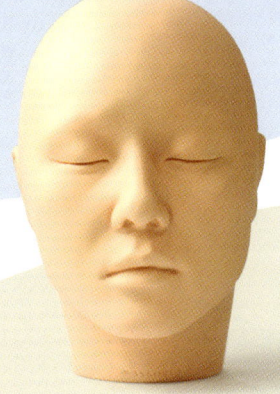

마네킹(수염 및 속눈썹 연장 공통) 및
마네킹 고정대

속눈썹 인증 글루

전처리제

속눈썹 연장

속눈썹(J컬)
J컬 타입 − 8, 9, 10, 11, 12mm

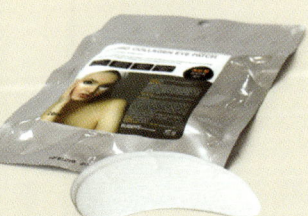

아이패치
(흰색, 테이프 불가)

인조속눈썹

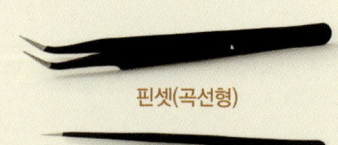

핀셋(곡선형)

핀셋(일자형)

우드 스파츌라

글루판

What's on This book?

제1장 | 뷰티 메이크업

제2장 | 시대 메이크업

제3장 | 캐릭터 메이크업

제4장 | 속눈썹 익스텐션 및 수염

미용사(메이크업) 실기시험
과제구성

01 미용사(메이크업) 과제 유형 (2시간 35분)

과제 유형	제1과제 (40분)	제2과제 (40분)	제3과제 (50분)	제4과제 (25분)
	뷰티 메이크업	시대 메이크업	캐릭터 메이크업	속눈썹 익스텐션 및 수염
작업 대상	모델			마네킹
세부과제	① 웨딩(로맨틱)	① 현대1 – 1930 (그레타 가르보)	① 이미지 (레오파드)	① 속눈썹 익스텐션(왼쪽)
	② 웨딩(클래식)	② 현대2 – 1950 (마릴린 먼로)	② 무용 (한국)	② 속눈썹 익스텐션(오른쪽)
	③ 한복	③ 현대3 – 1960 (트위기)	③ 무용 (발레)	③ 미디어 수염
	④ 내추럴	④ 현대4 – 1970~1980 (펑크)	④ 노인	
배점	30	30	25	15

02 과제 선정

총 4과제로 시험 당일 각 과제가 랜덤 선정되는 방식으로 아래와 같이 선정됨
- 1과제 : ①~④ 과제 중 1과제 선정
- 2과제 : ①~④ 과제 중 1과제 선정
- 3과제 : ①~④ 과제 중 1과제 선정
- 4과제 : ①~③ 과제 중 1과제 선정

03 다음 과제를 위한 준비시간

각 과제 작업 종료 후 다음 과제를 위한 준비시간이 부여될 예정이며, 1, 2과제 작업 후 클렌징 및 세안(준비시간 내) 진행

04 모델의 조건

- 수험자가 직접 대동할 것
- 만 14세 이상 만 55세 이하의 여성 모델
- 사전에 메이크업이 되어 있지 않은 상태로 시험에 임할 것
- 신분증 지참할 것

05 점수와 관계없이 채점대상에서 제외되는 경우

- 시험의 전체 과정을 응시하지 않은 경우
- 시험 도중 시험장을 무단이탈하는 경우
- 부정한 방법으로 타인의 도움을 받거나 타인의 시험을 방해하는 경우

- 무단으로 모델을 수험자 간에 교체하는 경우
- 국가자격검정 규정에 위배되는 부정행위 등을 하는 경우
- 수험자가 위생복을 착용하지 않은 경우
- 수험자 유의사항 내의 모델 조건에 부적합한 경우
- 요구사항 등의 내용을 사전에 준비해 온 경우(예 : 눈썹을 미리 그려 온 경우, 수염 과제를 미리 해온 경우, 턱 부위에 밑그림을 그려 온 경우, 속눈썹(J컬)을 미리 붙여온 상태 등)

06 시험응시 제외 사항

- 모델을 데려오지 않은 경우 해당 과제 응시 불가

07 오작사항

- 요구된 과제가 아닌 다른 과제를 작업하는 경우
- 작업부위를 바꿔서 작업하는 경우(예 : 속눈썹의 좌우를 바꿔서 작업하는 경우 등)

Course Preview

한 눈에 살펴보는

과제 01 뷰티 메이크업

실기시험 당일 전체 4과제가 주어지며, 뷰티 메이크업에서 1과제가 공개됩니다.
아래 표는 뷰티 메이크업의 과제별 주요 과정을 비교·정리한 것이므로 충분히 숙지하시기 바랍니다.

	메이크업 베이스	파운데이션	컨실러	하이라이트 & 셰이딩	파우더	아이브로
로맨틱 웨딩 40분	시간배분 ◀─────────────── 7min ───────────────▶ ◀ 8min ▶	한톤 밝게			가볍게	흑갈색 둥근 모양
	【공통】 피부톤에 적합하게					
클래식 웨딩 40분	시간배분 ◀─────────────── 7min ───────────────▶ ◀ 8min ▶	피부톤에 맞게	적용		매트하게	흑갈색 눈썹산 약간 각지게
	【공통】 피부톤에 적합하게					
한복 40분	시간배분 ◀─────────────── 7min ───────────────▶ ◀ 8min ▶	피부톤에 맞게	적용		가볍게	브라운으로 자연스럽게
	【공통】 피부톤에 적합하게					
내추럴 40분	시간배분 ◀─────────────── 7min ───────────────▶ ◀ 8min ▶	피부색과 비슷한 리퀴드 파운데이션	적용 가능		투명 파우더	결을 살려 자연스럽게
	【공통】 피부톤에 적합하게					

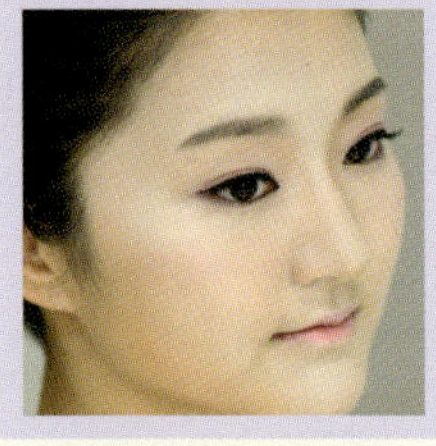

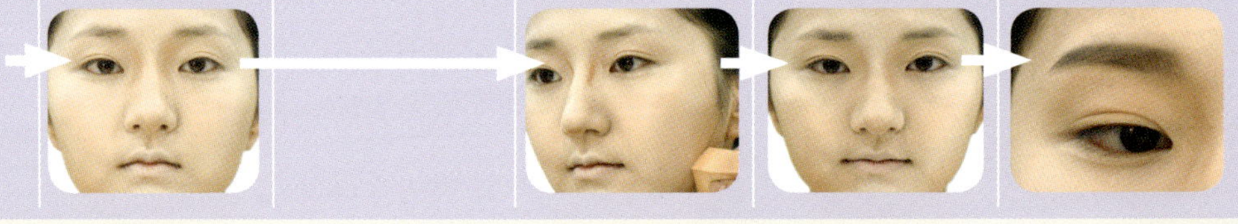

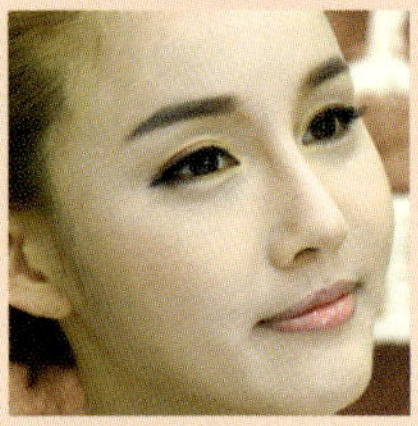

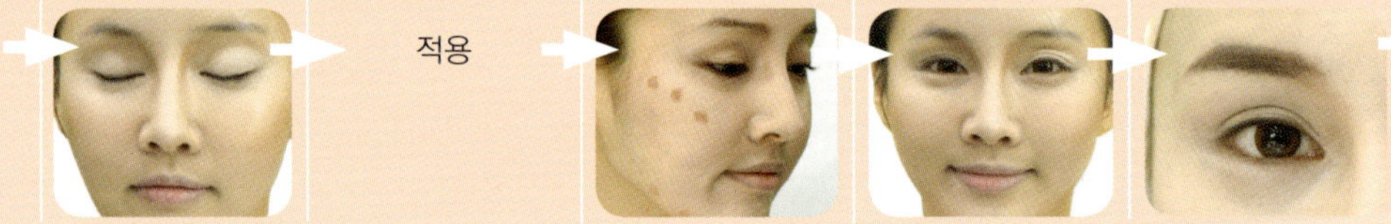

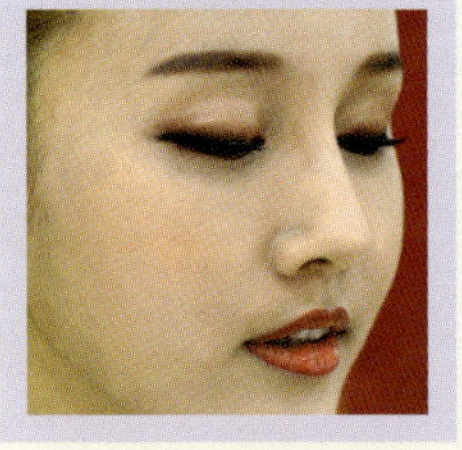

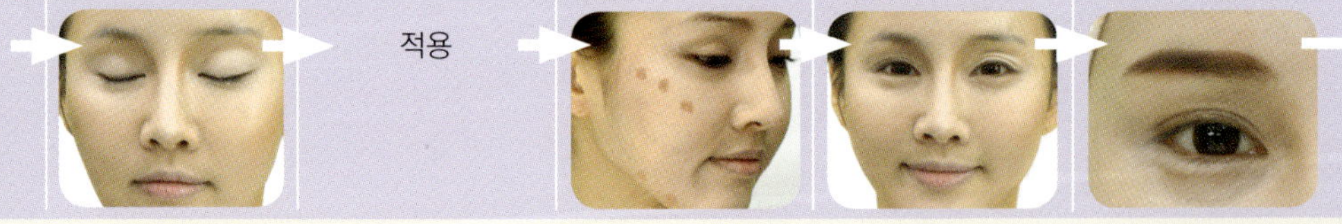

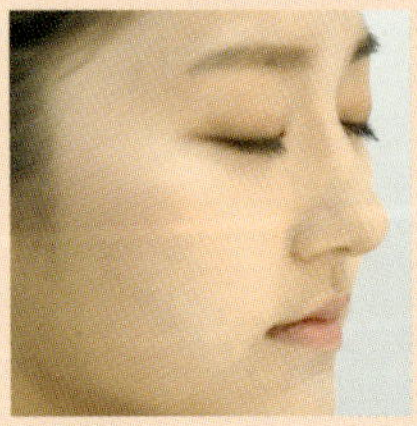

【과제별 색상표】

과제 \\ 구분	아이브로	아이섀도	아이라인	치크	립
로맨틱 웨딩					
클래식 웨딩					
한복					
내추럴					

아이섀도	아이라인	속눈썹 컬링	인조 속눈썹	마스카라	치크	립

10min | **7min** | **8min**

• 펄이 가미된 연핑크
• 연보라색

• 핑크색
• 애플존에 둥글게

• 핑크색
• 그라데이션
• 립글로스

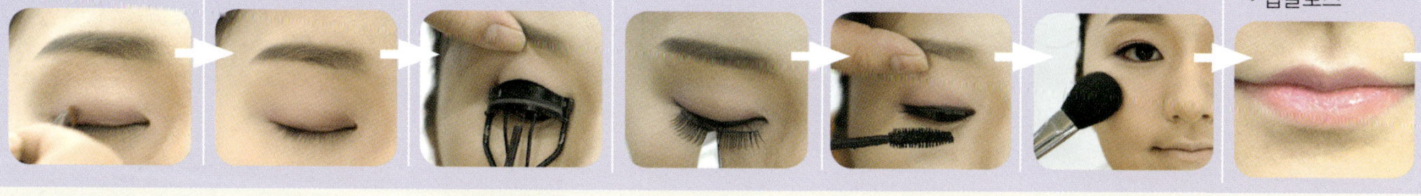

10min | **7min** | **8min**

피치색, 브라운, 골드펄

길게 뺀 형태

뒤쪽이 긴 스타일

• 피치색
• 바깥쪽→안쪽

• 베이지핑크
• 입술라인 선명하게

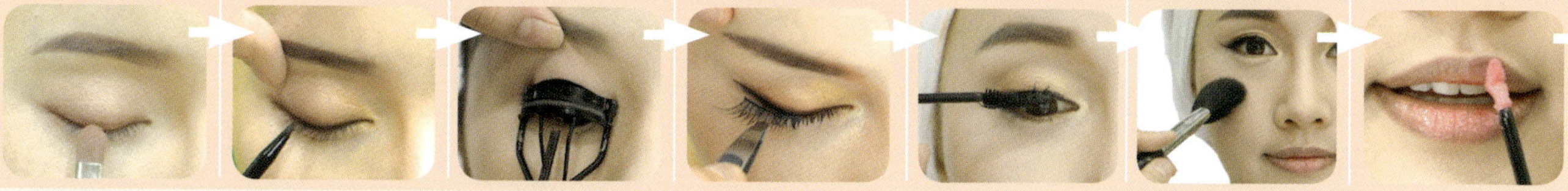

10min | **7min** | **8min**

브라운, 피치색 펄, 밝은 크림색

• 검정색
• 길게

• 오렌지색
• 광대뼈 위
• 안쪽→바깥쪽

• 오렌지레드
• 선명한 입술라인

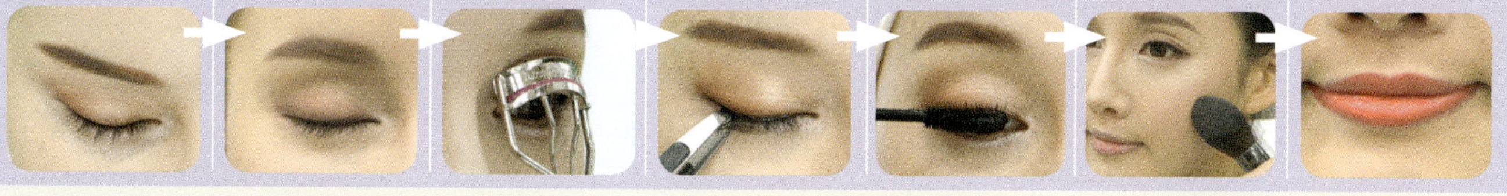

10min | **7min** | **8min**

펄이 없는 베이지, 브라운

브라운 섀도 타입 또는 펜슬 타입

• 피치색
• 안쪽→바깥쪽

• 베이지핑크

전체 마무리

※시간배분은 개략적인 수치이며, 숙련도 및 개인마다 차이가 있으므로 참고만 하시기 바랍니다.

ROMANTIC-WEDDING MAKE-UP

로맨틱 웨딩 메이크업

40 min

배점 30

개요

01 | 과제개요

베이스 메이크업	눈썹	눈	볼	입술	배점	작업시간
• 결점 커버 • 윤곽 수정	• 색상 : 흑갈색 • 모양 : 둥근형	연핑크 + 연보라	핑크	핑크	30점	40분

02 | 심사기준

구분	사전심사	시술순서 및 숙련도						완성도
		소독	베이스 메이크업	눈썹	눈	볼	입술	
배점	3	3	3	3	6	3	3	6

03 | 심사 포인트

(1) 사전심사

【수험자 및 모델의 복장】
① 수험자와 모델이 규정에 맞는 복장을 하고 있는가?
② 수험자와 모델이 불필요한 액세서리 등을 착용하고 있지 않는가?

【테이블 세팅】
① 시술에 필요한 준비목록이 모두 구비되어 있는가?
② 과제에 불필요한 도구 및 재료가 세팅되어 있지 않는가?
③ 작업 테이블이 위생적으로 정리되어 있는가?
④ 위생이 필요한 도구를 적절하게 소독하였는가?

(2) 본심사

【시술 순서 및 숙련도】
① 시술 순서가 잘못되지 않았는가?
② 전체 과정을 얼마나 능숙하게 작업하였는가?

【베이스 메이크업】
① 모델의 피부톤에 적합한 메이크업 베이스를 선택하였는가?
② 모델의 피부보다 한 톤 밝게 표현하였는가?
③ 셰이딩과 하이라이트 후 파우더로 가볍게 마무리하였는가?

【아이브로】
① 모델의 눈썹 모양에 맞추어 흑갈색으로 그렸는가?
② 눈썹산이 각지지 않게 둥근 느낌으로 그렸는가?

【아이섀도】
① 펄이 약간 가미된 연핑크색으로 눈두덩이와 언더라인 전체에 발랐는가?
② 연보라색 아이섀도로 아이라인 주변을 짙게 바르고 눈두덩이 위로 자연스럽게 그라데이션을 하였는가?
③ 아이홀 라인에 경계가 생기지 않게 눈꼬리 언더라인의 1/2~1/3까지 그라데이션을 하였는가?

【아이라인】
① 아이라이너로 속눈썹 사이를 잘 메꾸어 그렸는가?
② 눈매를 아름답게 교정하였는가?

【속눈썹】
① 속눈썹은 뷰러를 이용하여 제대로 컬링을 하였는가?
② 인조 속눈썹을 제대로 부착하였는가?
③ 마스카라를 제대로 발랐는가?

【볼】
핑크색으로 애플 존 위치를 둥근 느낌으로 표현하였는가?

【입술】
핑크색으로 입술 안쪽을 짙게 바르고 바깥쪽으로 그라데이션을 한 후 립글로스로 촉촉하게 마무리하였는가?

【완성도】
① 전체적인 완성도 체크
② 작업 종료 후 정리정돈을 잘 하였는가?

사전심사
Pre-evaluation

일러두기
수험자 및 모델의 복장은 전과제의 공통 준수사항입니다.

01 | 수험자 및 모델의 복장

1 수험자

반팔 또는 긴팔의 흰색 위생복(1회용 가운 불가)

| 기타 주의사항 |
- 복장에 소속을 나타내거나 암시하는 표식이 없을 것
- 눈에 보이는 표식(네일 컬러링, 디자인 등)이 없을 것
- 스톱워치나 휴대전화 사용 금지
- 재료 구별을 위한 스티커 부착 금지

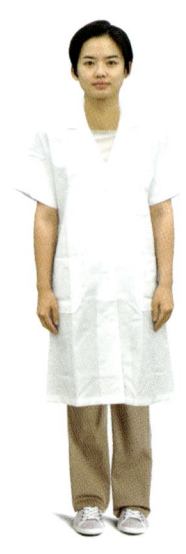

2 모델

① 헤어밴드 및 어깨보를 착용할 것
② 문신 및 반영구 메이크업(눈썹, 아이라인, 입술), 속눈썹 연장을 하지 않은 만 14~55세의 여성(남성 모델 가능)
③ 사전에 메이크업이 되어 있지 않은 상태일 것
④ 모델의 준비가 적합하지 않을 경우 실격 처리
⑤ 티아라, 비녀 등의 장신구 지참 불가
⑥ 써클렌즈, 컬러렌즈 착용 금지

3 채점 대상에서 제외되는 경우

① 시험의 전체 과정을 응시하지 않은 경우
② 시험 도중 시험장을 무단으로 이탈하는 경우
③ 부정한 방법으로 타인의 도움을 받거나 타인의 시험을 방해하는 경우
④ 무단으로 모델을 수험자 간에 교체하는 경우
⑤ 수험자가 위생복을 착용하지 않은 경우
⑥ 수험자 유의사항 내의 모델 부적합 조건에 해당하는 경우
⑦ 요구사항 등의 내용을 사전에 준비해온 경우
(예) 눈썹을 미리 그려 온 경우, 수염 과제를 미리 해온 경우, 턱 부위에 밑그림을 그려온 경우, 속눈썹(J컬)을 미리 붙여온 상태 등)
⑧ 마네킹을 지참하지 않은 경우

4 오작사항

① 요구된 과제가 아닌 다른 과제를 작업하는 경우
② 작업 부위를 바꿔서 작업하는 경우
(속눈썹의 좌우를 바꿔서 작업하는 경우 등)

5 감점사항

① 수험자의 복장상태, 모델 및 마네킹의 사전 준비 상태 등이 미흡한 경우
② 필요한 기구 및 재료 등을 시험 도중에 꺼내는 경우
③ 문신 및 반영구 메이크업(눈썹, 아이라인, 입술) 및 속눈썹 연장을 한 모델을 대동한 경우
④ 눈썹 염색 및 틴트 제품을 사용한 모델을 대동한 경우

※공개문제 도면의 헤어 스타일(업스타일, 흰머리 표현 등) 및 장신구(티아라, 비녀 등 지참 불가) 등은 채점 대상이 아니며 착용 불가

6 미완성 사항

① 4과제 속눈썹 익스텐션 작업 시 최소 40가닥 이상의 속눈썹을 연장하지 않은 경우
② 4과제 미디어 수염 작업 시 콧수염과 턱수염 중 어느 하나라도 작업하지 않은 경우

02 | 과제 요구사항

메이크업 베이스

- 모델의 피부톤에 적합한 메이크업베이스를 선택하여 얇고 고르게 펴 바름
- 모델의 피부보다 한 톤 밝게 표현
- 셰이딩과 하이라이트 후 파우더로 가볍게 마무리

눈썹

모델의 눈썹 모양에 맞추어 흑갈색으로 그리되 눈썹산이 각지지 않게 둥근 느낌으로 그림

치크

핑크색으로 애플 존 위치에 둥근 느낌으로 바름

립

핑크색으로 입술 인폭을 짙게 바르고 바깥으로 그라데이션한 후 립글로스로 촉촉하게 바름

아이섀도

- 펄이 약간 가미된 연핑크색으로 눈두덩이와 언더라인 전체에 바름
- 연보라색 아이섀도우로 도면과 같이 아이라인 주변을 짙게 바르고 눈두덩이 위로 자연스럽게 그라데이션 한 후 눈꼬리 언더라인 1/2~1/3까지 그라데이션

아이컬링 및 인조 속눈썹

- 뷰러를 이용하여 자연 속눈썹을 컬링
- 인조 속눈썹은 모델 눈에 맞춰 붙이고, 마스카라를 바름

아이라인

- 아이라이너로 속눈썹 사이를 메꾸어 그리고 눈매를 아름답게 교정

03 | 작업대 세팅

※눈썹칼, 스펀지 퍼프, 분첩, 면봉, 미용솜은 새것으로 준비할 것

| 작업대 세팅 시 주의사항 |

- 시험 전 메이크업 도구관리 체크리스트에 따라 사전점검 작업을 실시한다.
- 시험 도중에는 도구나 재료를 꺼낼 수 없으므로 모든 재료가 세팅되었는지 다시 한번 체크한다.
- 지참하는 화장품 등은 외국산, 국산 구별 없이 시중에 판매되는 것을 준비하면 된다.
- 도구 또는 재료에 구별을 위해 표식을 만들어 붙이면 안 된다.
- 위생봉투(투명 비닐)를 작업대 옆에 부착하여 쓰레기봉투로 사용한다.

준비물 꼭 챙기세요!

01. 아이섀도 팔레트
02. 립 팔레트
03. 더블 콤팩트
04. 치크(핑크, 오렌지)
05. 팔레트
06. 소프트 파운데이션 (화이트, 살색, 브라운)
07. 페이스 파우더(핑크)
08. 페이스 파우더(베이지)

09. 젤 아이라인
10. 금색펄 피그먼트
11. 속눈썹 풀
12. 인조속눈썹
13. 리퀴드 파운데이션(라이트베이지)
14. 컨실러
15. 파운데이션(샤이닝 베이지)
16. 파운데이션(다크 베이지)

17. 메이크업 베이스(핑크)
18. 리퀴드 파운데이션(내추럴 베이지)
19. 메이크업 베이스(그린)
20. 메이크업용 브러쉬세트, 뷰러
21. 아이브로 펜슬(화이트, 블랙, 브라운) 립펜슬(레드, 브라운) 마스카라 아이라인

22. 분첩, NRG사각퍼프
23. 탈지면 용기, 미용솜
24. 스파츌라, 눈썹가위, 족집게
25. 면봉

본심사

01 | 소독 및 위생

1 수험자의 손 소독하기

미용솜(탈지면)에 소독제(안티셉틱)를 2~3회 뿌려 양손을 번갈아가며 양 손 등, 손바닥, 손가락 사이를 꼼꼼히 닦아낸 후 위생봉투에 버린다.

2 도구 소독하기

스파츌라, 속눈썹 가위, 족집게, 눈썹칼, 플레이트판 등의 도구를 소독제로 소독한다.

02 | 베이스 메이크업

1 메이크업 베이스

| Checkpoint |

• 메이크업 베이스를 바를 때는 조금씩 나누어서 꼼꼼히 발라야 화장이 오래 지속되고 자연스러운 피부 표현을 할 수 있다.
• 베이스의 양이 많으면 피부 표현이 밀리거나 들뜰 수 있으므로 소량을 두드리듯 바른다.

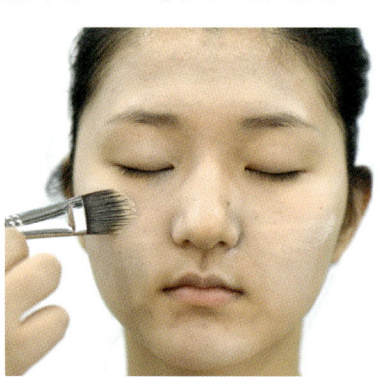

1 모델의 피부톤에 적합한 메이크업 베이스를 플레이트판에 적당량을 덜어낸다.

2 얼굴 전체에 적당량을 콕콕 찍듯 얹어 준 후 파운데이션 브러시로 볼의 안쪽부터 바깥쪽으로 바른 후 이마, 코, 턱 순으로 고르게 펴 바른다.

※ 피부 타입에 따른 메이크업 베이스 색 선택 방법

피부 타입	메이크업 베이스 색
창백한 피부	연핑크
노란색 피부	보라
어둡고 칙칙한 피부	흰색
여드름 자국이나 전체적으로 붉은 피부	그린
기미, 주근깨, 잡티가 많은 피부	블루
햇볕에 그을린 피부	오렌지색

2 파운데이션

| 감점요인 |
• 파운데이션 색톤이 어둡거나 얼룩져 보일 경우

팁 | 파운데이션 브러시에 침을 빼고 두껍지 않게 피부 결을 따라 바른다.

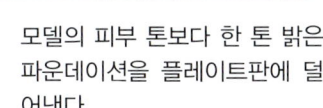
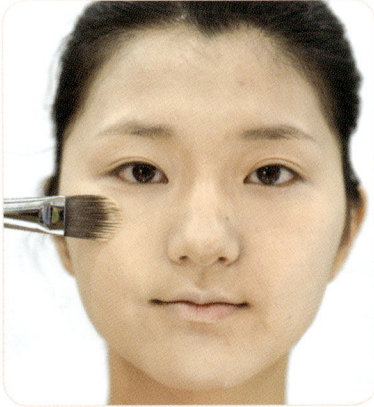
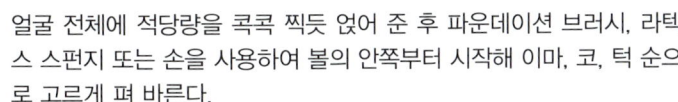

1 모델의 피부 톤보다 한 톤 밝은 파운데이션을 플레이트판에 덜 어낸다.

2 얼굴 전체에 적당량을 콕콕 찍듯 얹어 준 후 파운데이션 브러시, 라텍스 스펀지 또는 손을 사용하여 볼의 안쪽부터 시작해 이마, 코, 턱 순으로 고르게 펴 바른다.

참고 | 피부에 따른 파운데이션 도구 사용
• 건성피부 : 파운데이션 브러시 사용(얇고 촉촉하게 발림)
• 중성피부 : 파운데이션 브러시, 라텍스 스펀지, 손
• 지성피부 : 스펀지 사용

참고 | 뜨지 않게 화장하기
① 각질 제거 : 각질층의 자연 탈락이 지연되면서 피부 표면이 두껍고 건조하며 거칠어져 피부 흡수가 잘되지 않는다. 가급적 시험 하루 전 모델이 각질을 제거하게 하는 것이 좋다.
② 두드리기 : 가급적 파운데이션은 밀어서 바르는 것보다 두드려서 바르는 것이 밀착력이 좋다.
③ 모공 청소 : 주로 코주변 등 모공이 넓은 부위에 피지 분비가 많아져 피부가 매끄럽지 못하므로 피지를 제거한 후 화장을 한다.

하이라이트 및 셰이딩

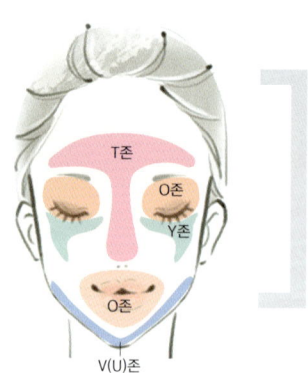

[참고 | **하이라이트 및 셰이딩 부위**

- S존에는 베이스 컬러를 이용하여 피부를 잘 정돈해준다.
- T존과 O존은 하이라이트 컬러를 이용하여 적은 양을 얇게 도포해 준다.
- 헤어라인과 페이스 존에는 자연스러운 셰도 컬러를 넣어준다.
- Y존 부분에는 베이스 컬러와 하이라이트 컬러를 이용하여 기미나 주근깨를 잘 커버해 준다.

하이라이트 색상

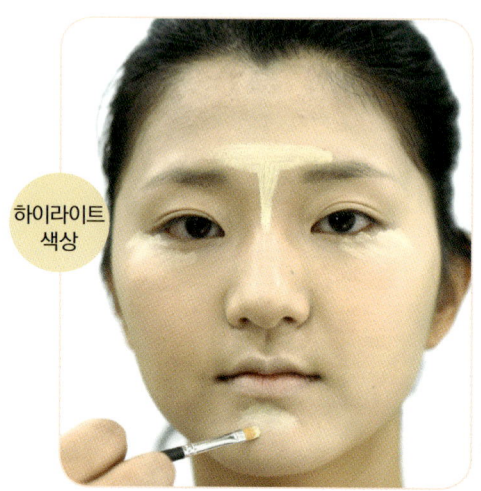 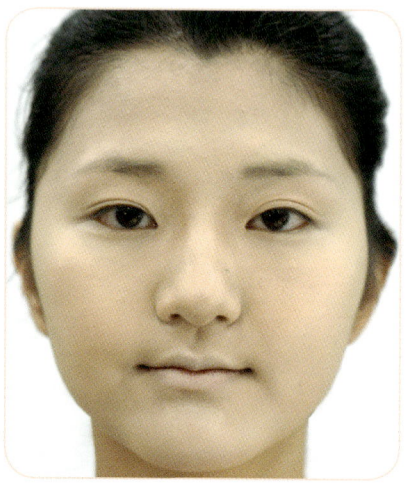

| **Checkpoint** |

1. 얼굴 중앙 부위만 밝고 화사하게 표현하고 얼굴 외곽 부분은 어둡게 그라데이션해야 얼굴이 작아 보이고 입체감이 생긴다.

2. 브러시를 사용하게 되면 붓자국이 생기거나 뭉칠 수 있으므로 1차로 브러시를 사용한 뒤 스펀지나 손으로 아쉬운 부분을 조절한다.

1 T존 부위와 Y존 부위에 하이라이트를 주어 콧대와 얼굴의 윤곽을 살려준다.

셰이딩 색상

 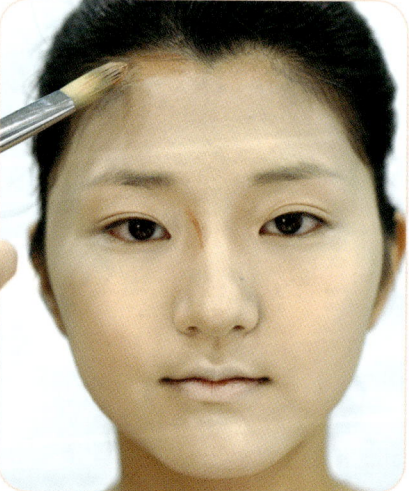 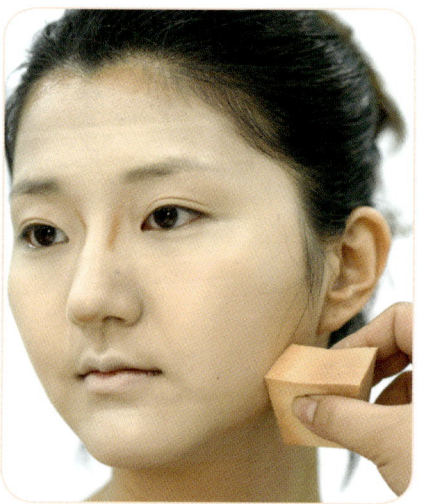

2 코벽, 턱선, 볼뼈, 헤어라인에 셰이딩을 주어 윤곽 수정을 자연스럽게 표현한다.

③ 파우더

파우더 브러시   파우더 퍼프

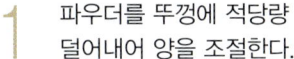

1 파우더를 뚜껑에 적당량 덜어내어 양을 조절한다.

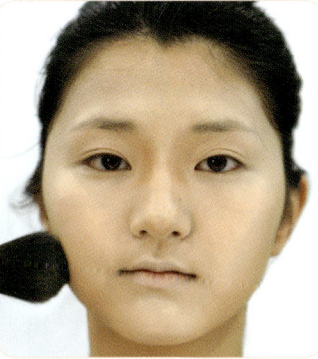

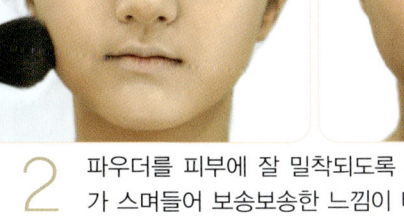

2 파우더를 피부에 잘 밀착되도록 솜털 사이사이에 파우더가 스며들어 보송보송한 느낌이 나게 꼼꼼히 매트하게 바른다. 이마, 볼 등 넓은 부분부터 눈가, 입가, 콧망울 등의 순서로 바른다.

참고 | 파우더 바르는 방법

① 파우더 퍼프를 사용할 경우
  • 파우더 퍼프에 페이스 파우더를 적당량 고루 덜어 골고루 펼친 후 아이홀 부분을 먼저 바르고, 얼굴 전체에 피부에 잘 밀착되도록 얇게 꾹꾹 눌러 매트하게 바른다.
  • 퍼프를 반 접어서 손등에서 한 번 정도 찍어 양을 조절하여 눈밑, 눈꼬리, 코밑을 꼼꼼히 처리하고 나머지 여분은 페이스 파우더 브러시를 사용하여 털어준다.

② 파우더 브러시를 사용할 경우
  • 적당량의 파우더를 용기에 덜어 놓은 후 파우더 브러시를 사용하여 얼굴 측면에서부터 중앙부위로 굴리듯 도포한다.
  • 파우더 브러시에 파우더 가루를 묻혀 피부 안쪽에서 바깥쪽 방향으로 가볍게 쓸어주면서 펴 바른다.

참고 | 피부에 따른 파우더 도구

• 건성피부 : 파우더 브러시 사용(루스파우더)
• 중성피부 : 파우더 브러시, 퍼프, 스펀지 사용(루스파우더, 파우더 팩트)
• 지성피부 : 퍼프, 스펀지 사용(파우더 팩트, 트윈케이크 제형의 제품)

---

03 | 아이브로

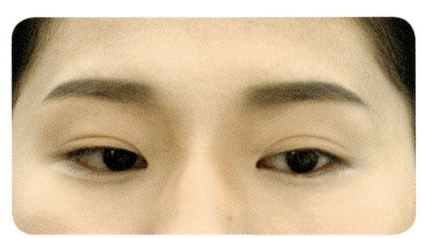

| Checkpoint |

로맨틱 웨딩 메이크업은 부드러운 이미지가 중요하므로 눈썹산이 지나치게 높거나 진하지 않도록 주의한다.

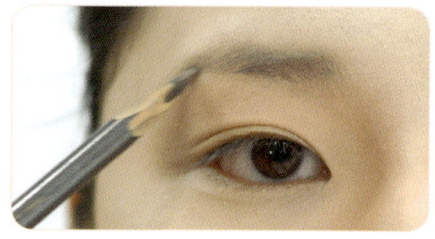 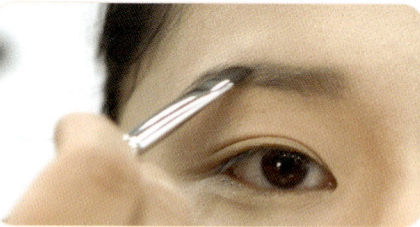 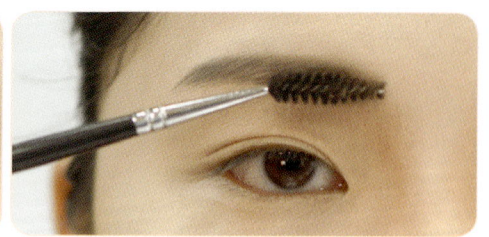

1 아이브로 브러시에 흑갈색 섀도로 섀도를 섞어 빈 부분을 채우듯 눈썹 숱이 없는 부분을 중심으로 가볍게 쓸어 주면서 모델의 눈썹 모양에 맞추어 흑갈색으로 눈썹 산을 둥근 느낌으로 표현한다.

2 스크루 브러시로 눈썹 결대로 빗어주어 톤을 부드럽고 일정하게 조절한다.

04 | 아이섀도

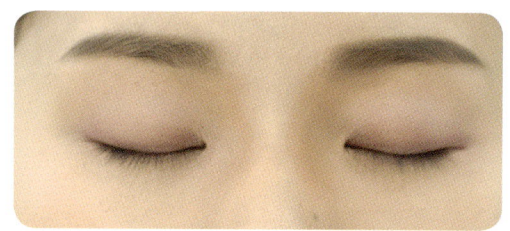 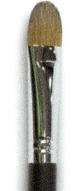 

| Checkpoint |
아이섀도 연출 시 아이홀 라인의 경계가 생기지 않게 색이 조화롭게 그라데이션을 해준다.

주의 | 아이홀에 경계가 없도록 그라데이션을 표현한다.

 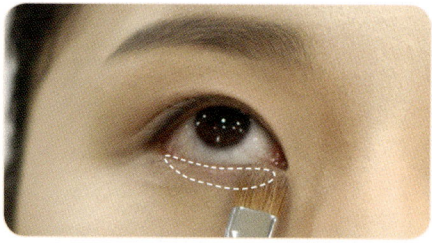 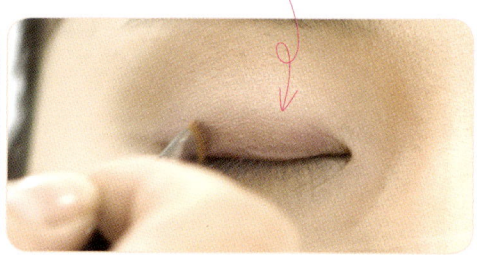

1 펄이 약간 가미된 연핑크색 아이섀도를 아이홀 부분에 자연스럽게 바른다.

2 펄이 약간 가미된 연핑크색 아이섀도를 눈밑 언더 애교살 부분까지 연결해 바른다.

3 연보라색 아이섀도로 아이라인 주변을 바르고 눈두덩 위로 자연스럽게 그라데이션을 한다.

눈꼬리에서 앞으로
1/2~1/3 지점까지

뒤쪽에서 앞쪽으로 은은하게 사라지도록 표현한다.

4 눈꼬리 언더라인 1/2~1/3까지 연결감 있게 그라데이션을 해준다.

5 아이섀도 화장 후 팬브러시를 사용하여 눈밑에 떨어진 여분의 가루를 털어낸다.

팬브러시

05 | 아이라인

젤 타입의
블랙 아이라이너

속눈썹 사이를 채워줄 때에는 아이라인 중앙부터
흔들듯 브러시로 부드럽게 옆으로 이동하면서 채
워준다.

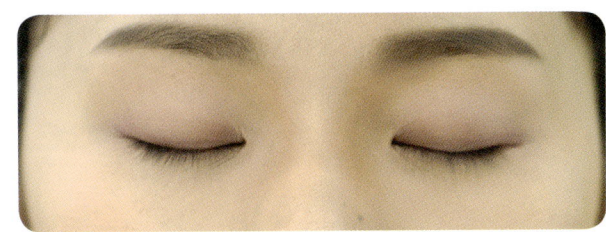

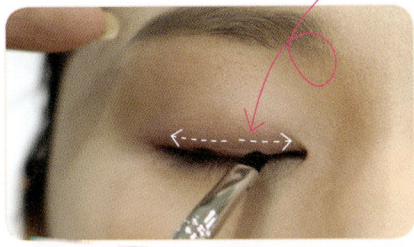

1 젤 타입의 아이라이너를 아이라이너 브러시
에 묻힌 후 아이라인 중간지점부터 옆으로
채워주듯 그린다.

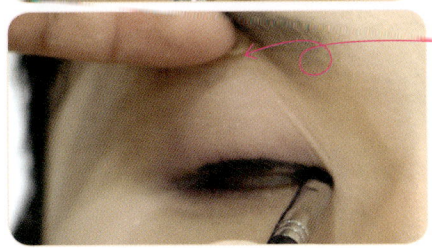

팁 | 아이라인 및 속눈썹 컬링, 인조 눈썹 붙이기, 마스카라와 같이 눈썹
에 관련된 화장을 할 때 속눈썹 뿌리가 안으로 접히므로 모델 시선
을 아래로 향하게 하고 시술자의 손가락으로 위쪽으로 살짝 당기며
시술 부위가 잘 바깥으로 펴지게 하여 그려준다.

2 왼손 손가락으로 눈두덩을 누르거나 위로 당겨 비어 있는
속눈썹 사이를 메우는 느낌으로 속눈썹이 자라는 방향으
로 가볍게 터치해 준다.

참고 | **아이라이너의 종류에 따른 사용법**
- 펜슬 아이라이너 : 날렵한 아이라인을 그릴 때 사용
- 리퀴드 아이라이너 : 넓은 면을 그리거나 겹쳐 그릴 때 사용(이전에 그린 아이라인이 닦이거나 얼룩지기 쉬움)
- 젤 아이라이너 : 깊고 풍부한 색감과 날렵함을 표현

06 | 자연 속눈썹 컬링

1 한 손으로 눈두덩을 약간 당겨주고 모델의 눈동
자는 아래를 보게 한다.

2 속눈썹 앞머리부터 눈꼬리 부분까지 모두 뷰러
안으로 들어가게 한 다음 속눈썹 뿌리부분 →
중간 → 끝부분을 차례로 집어주면서 컬을 만
들어 준다.

3 속눈썹이 자연스럽게 말려 올라갈 수 있도록 뷰
러를 쥔 손을 위로 올려준다.

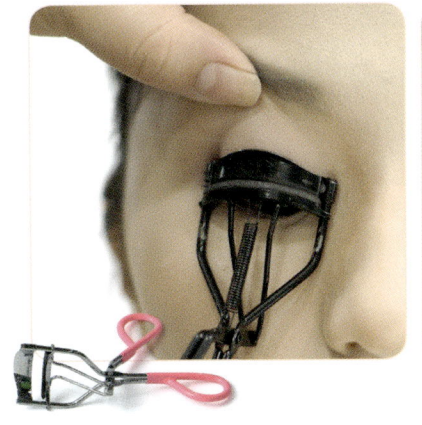

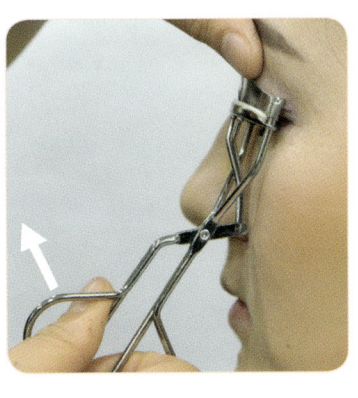

| 감점요인 |
- 컬링 모양이 부자연스러울 때
- 컬링 작업 중 속눈썹이 손상되었을 때

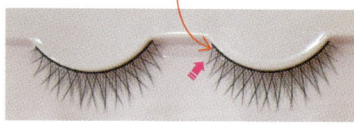
속눈썹 안쪽 튀어나온
라인을 손가락으로
누르며 떼낸다.

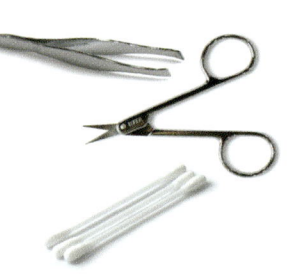

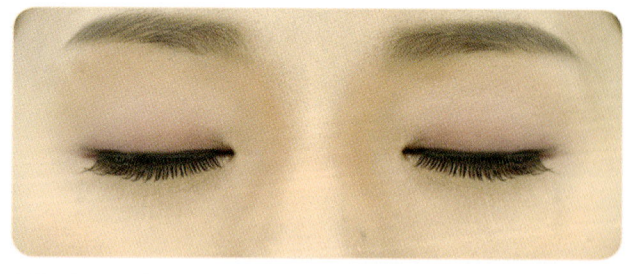

인조 속눈썹을 케이스에서 분리할 때 끝을 잡아당기면 손상되기 쉬우므로 눈썹이 나있는 쪽 라인을 손가락(쪽집게는 사용하지 말 것)으로 누르면서 서서히 살짝 떼어낸다.

| Checkpoint |

• 속눈썹 양 끝부분은 중앙 부위에 비해 쉽게 떨어지므로 양 끝에 접착제를 조금 더 바른다.
• 접착제를 지나치게 많이 바르거나 속눈썹이 처지지 않도록 한다.

1 인조 속눈썹을 케이스에서 떼어낸 후 양끝을 잡고 구부려준 후 핀셋으로 인조 속눈썹을 집어 모델의 눈에 대고 길이를 가늠한다.

2 모델의 눈 길이에 맞게 속눈썹 가위로 인조 속눈썹 길이를 조절한다.

3 인조 속눈썹 밑부분에 접착제(글루)를 바르고 접착제가 마르기 직전에 족집게를 사용하여 인조 속눈썹을 붙여준다.

접착제를 인조 속눈썹에 바르고
3~4초 후에 붙여준다.

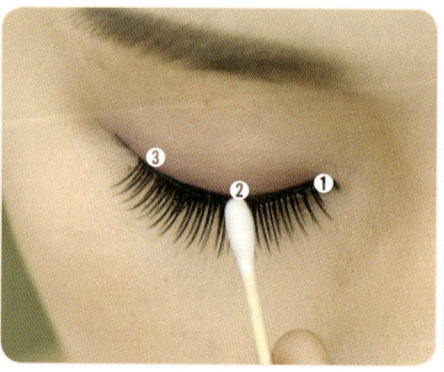

4 속눈썹을 중앙에 살짝 올려둔다.

5 면봉을 이용하여 인조 속눈썹을 꼼꼼히 붙여준다. 인조 손눈썹을 붙일 때에는 본래의 속눈썹과 최대한 가깝게 붙여주는게 좋다. 눈 앞머리에 너무 가깝게 붙이면 눈에 자극을 줄 수 있으므로 여유를 두고 붙여준다.

[참고 | **인조 속눈썹 제거 방법**
면봉에 아이 메이크업 리무버를 묻혀 돌려주면서 떼어 주고 스킨 아스트린젠트
아이 메이크업 리무버 액으로 패팅한 후 눈꼬리에서 눈머리를 향해 떼어 준다.]

주의 | 면봉은 사용 후
바로 폐기한다.

08 | 마스카라

1 병 입구에서 마스카라액을 적당하게 조절한 후 속눈썹의 뿌리 쪽에서 지그재그 방향으로 힘을 준 다음 빗질하듯 가볍게 쓸어 올려준다.

2 마스카라를 속눈썹 안쪽 뿌리부터 발라준다. 언더 속눈썹은 브러시를 바로 세워 뭉치지 않게 빗어준다.

| Checkpoint |
• 브러시에 마스카라 액이 많이 묻어 있을 경우 눈썹이 뭉칠 수 있으므로 액을 적당히 조절한다.
• 마스카라가 피부에 묻지 않도록 주의한다.

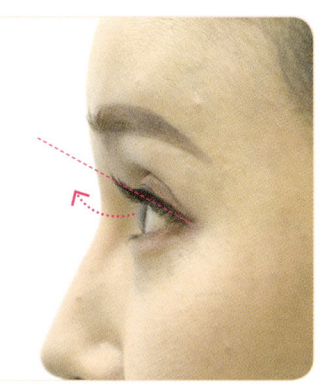

아래서부터 지그재그 방향으로 비틀면서 위로 컬링한다. 사진과 같이 옆에서 보았을 때 아이라인의 연장선까지 올려준다.

09 | 치크

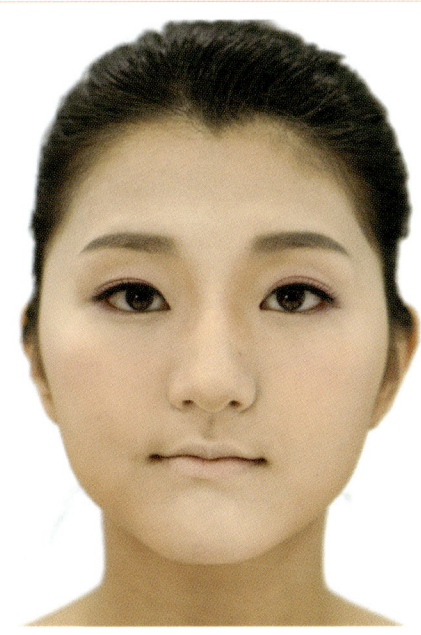

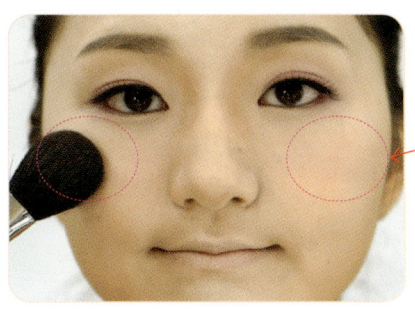

원모양으로 살짝 두드리며 자연스러운 볼터치를 연출한다.

1 블러셔 브러시를 사용해 웃을 때 올라오는 애플 존 위치에 핑크색으로 둥근 느낌이 나게 자연스러운 볼터치를 연출한다.

2 브러시를 둥글게 쓸어주어 자연스럽게 블렌딩하여 연출한다.

10 | 립

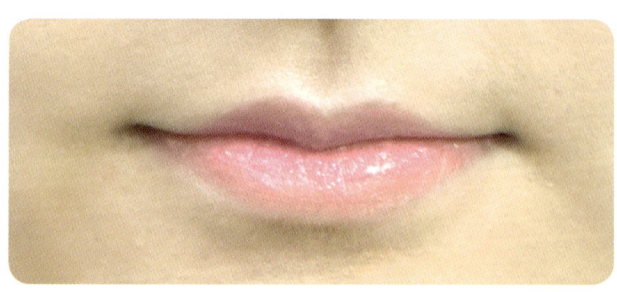

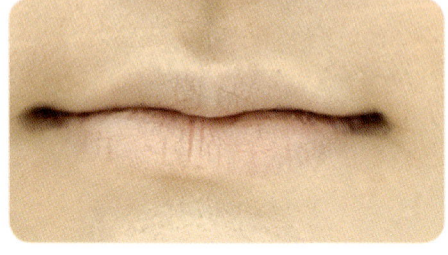

1 파운데이션으로 본래 입술의 색을 정돈한다.

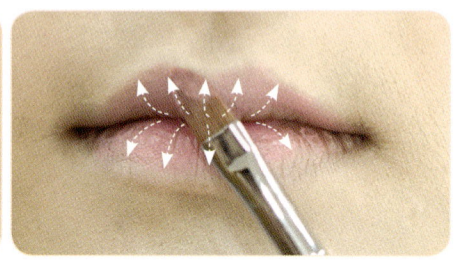

2 약간 진한 핑크색으로 입술 안쪽을 포인트 있게 짙게 바른다.

3 입술 라인이 선명해지지 않게 립 컬러를 바깥쪽으로 펴 발라 그라데이션을 한다.

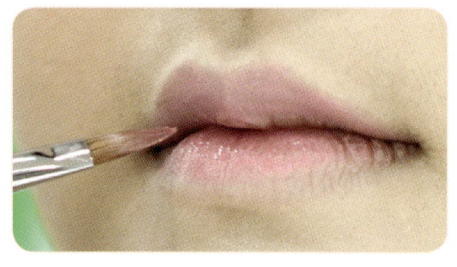

4 립글로스로 촉촉하게 마무리한다.

11 | 마무리

사용한 재료와 도구는 모두 제자리에 정리하고 작업대 위를 깔끔하게 정리한다.

Checkpoint | 2과제 준비는 이렇게!
1과제 채점이 끝나면 2과제 세팅을 해야 하는데, 준비시간이 많이 주어지지 않는다.
짧은 시간 안에 모델 클렌징과 2과제 테이블 세팅을 끝마쳐야 하므로 가급적 모델이 직접 클렌징 티슈, 해면, 습포 등으로 클렌징을 하고
기초 화장까지 하도록 하고 수험자는 다음 과제를 위해 테이블을 세팅하도록 한다.

before | after
-front

after
-side | after
-left side

CLASSIC-WEDDING MAKE-UP

클래식 웨딩 메이크업

Makeup Artist Certification

40 min

배점 30

개요

01 | 과제개요

베이스 메이크업	눈썹	눈	볼	입술	배점	작업시간
• 결점 커버 • 윤곽 수정	• 색상 : 흑갈색 • 모양 : 둥근형	피치색 + 브라운 + 골드펄	피치색	베이지 핑크	30점	40분

02 | 심사기준

구분	사전심사	시술순서 및 숙련도						완성도
		소독	베이스 메이크업	눈썹	눈	볼	입술	
배점	3	3	3	3	6	3	3	6

03 | 심사 포인트

(1) 사전심사

【수험사 및 모델의 복장】
① 수험자와 모델이 규정에 맞는 복장을 하고 있는가?
② 수험자와 모델이 불필요한 액세서리 등을 착용하고 있지 않는가?

【테이블 세팅】
① 시술에 필요한 준비목록이 모두 구비되어 있는가?
② 과제에 불필요한 도구 및 재료가 세팅되어 있지 않는가?
③ 작업 테이블이 위생적으로 정리되어 있는가?
④ 위생이 필요한 도구를 적절하게 소독하였는가?

(2) 본심사

【시술 순서 및 숙련도】
① 시술 순서가 잘못되지 않았는가?
② 전체 과정을 얼마나 능숙하게 작업하였는가?

【베이스 메이크업】
① 모델의 피부톤에 적합한 메이크업 베이스를 선택하였는가?
② 모델의 피부톤에 맞춰 결점을 커버하여 깨끗하게 피부표현을 하였는가?
③ 셰이딩과 하이라이트를 잘 표현하였는가?
④ 파우더로 매트하게 마무리하였는가?

【아이브로】
① 모델의 눈썹 모양에 맞추어 흑갈색으로 그렸는가?
② 눈썹산이 약간 각지도록 그렸는가?

【아이섀도】
① 피치색의 아이섀도를 눈두덩 전체에 펴 바른 후 브라운 섀으로 속눈썹 라인에 깊이감을 주고 눈두덩 위로 펴 발랐는가?
② 눈 앞머리 위, 아래에 골드 펄을 발라 화려함을 연출하였는가?
③ 아이홀 라인의 경계가 생기지 않게 그라데이션을 하였는가?

【아이라인】
① 아이라이너로 속눈썹 사이를 잘 메꾸어 그렸는가?
② 눈매를 아름답게 교정하였는가?

【속눈썹】
① 속눈썹은 뷰러를 이용하여 제대로 컬링을 하였는가?
② 인조 속눈썹을 제대로 부착하였는가?
③ 마스카라를 제대로 발랐는가?

【볼】
피치색으로 광대뼈 바깥에서 안쪽으로 블렌딩하였는가?

【입술】
베이지 핑크색으로 립컬러를 바르고 입술라인을 선명하게 표현하였는가?

【완성도】
① 전체적인 완성도 체크
② 작업 종료 후 정리정돈을 잘 하였는가?

04 | 과제 요구사항

메이크업 베이스

- 모델의 **피부톤에 적합**한 메이크업베이스를 선택하여 얇고 고르게 펴 바름
- 모델의 피부톤에 맞춰 결점을 커버하여 깨끗하게 피부를 표현
- 셰이딩과 하이라이트로 윤곽을 수정한 후 파우더로 매트하게 마무리

눈썹

모델의 눈썹 모양에 맞추어 **흑갈색**으로 그리되 눈썹산이 약간 각지도록 그림

치크

피치색으로 광대뼈 바깥에서 안쪽으로 블렌딩

립

립컬러는 **베이지 핑크색**으로 바르고 입술 라인을 선명하게 표현

아이섀도

- **피치색**으로 눈두덩이 전체에 펴 바른 후 브라운색으로 속눈썹 라인에 깊이감을 주고, 눈두덩이 위로 펴바름
- 눈 앞머리의 위,아래에는 **골드 펄**을 발라 화려함을 연출(아이홀 라인의 경계가 생기지 않도록 그라데이션)

아이컬링 및 인조 속눈썹

- 뷰러를 이용하여 자연 속눈썹을 컬링
- 인조 속눈썹은 뒤쪽이 긴 스타일로 모델 눈에 맞춰 붙이고, 마스카라를 바름

아이라인

- 속눈썹 사이를 메꾸어 그리고 눈매를 아름답게 교정

05 | 작업대 세팅

| 작업대 세팅 시 주의사항 |

- 시험 전 메이크업 도구관리 체크리스트에 따라 사전점검 작업을 실시한다.
- 시험 도중에는 도구나 재료를 꺼낼 수 없으므로 모든 재료가 세팅되었는지 다시 한번 체크한다.

준비물 꼭 챙기세요!

01. 아이섀도 팔레트
02. 립 팔레트
03. 더블 콤팩트
04. 치크(핑크, 오렌지)
05. 팔레트
06. 소프트 파운데이션 (화이트, 살색, 브라운)
07. 페이스 파우더(핑크)
08. 페이스 파우더(베이지)

09. 젤 아이라인
10. 금색펄 피그먼트
11. 속눈썹 풀
12. 인조속눈썹
13. 리퀴드 파운데이션(라이트베이지)
14. 컨실러
15. 파운데이션(샤이닝 베이지)
16. 파운데이션(다크 베이지)

17. 메이크업 베이스(핑크)
18. 리퀴드 파운데이션(내추럴 베이지)
19. 메이크업 베이스(그린)
20. 메이크업용 브러쉬세트, 뷰러
21. 아이브로 펜슬(화이트, 블랙, 브라운)
    립펜슬(레드, 브라운)
    마스카라
    아이라인

22. 분첩, NRG사각퍼프
23. 탈지면 용기, 미용솜
24. 스파츌라, 눈썹가위, 족집게
25. 면봉

본심사

01 | 소독 및 위생

1 수험자의 손 소독하기

미용솜(탈지면)에 소독제(안티셉틱)를 2~3회 뿌려 양손을 번갈아가며 양 손 등, 손바닥, 손가락 사이를 꼼꼼히 닦아낸 후 위생봉투에 버린다.

2 도구 소독하기

스파출라, 속눈썹 가위, 족집게, 눈썹칼, 플레이트판 등의 도구를 소독제로 소독한다.

02 | 베이스 메이크업

1 메이크업 베이스

1   모델의 피부톤에 적합한 메이크업 베이스를 플레이트판에 적당량을 덜어 낸다.

2   얼굴 전체에 적당량을 콕콕 찍듯 얹어준 후 브러시를 이용하여 얇고 고르게 펴 바른다.

2 파운데이션

1   모델의 피부톤에 맞춰 결점을 커버하여 깨끗하게 피부 표현을 한다.

2   모델의 피부 타입에 맞추어 리퀴드, 크림 등의 파운데이션을 골라 얼굴 전체에 골고루 펴 바른다.

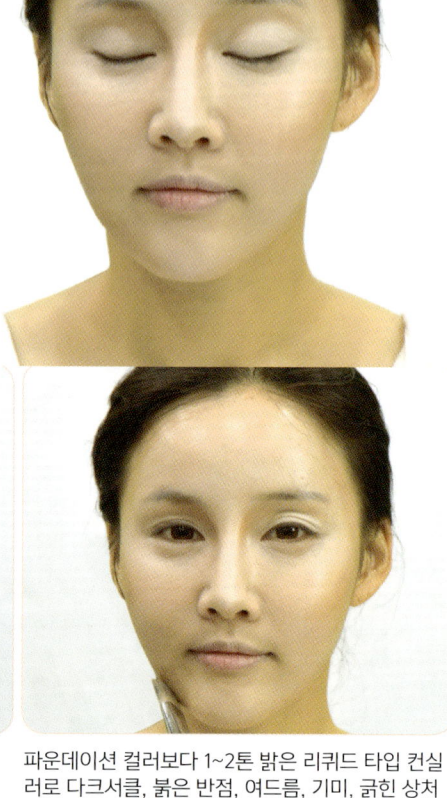

파운데이션 컬러보다 1~2톤 밝은 리퀴드 타입 컨실러로 다크서클, 붉은 반점, 여드름, 기미, 긁힌 상처 자국이나 코 옆주름 등을 커버하여 깨끗한 피부를 연출한다.

하이라이트 및 셰이딩

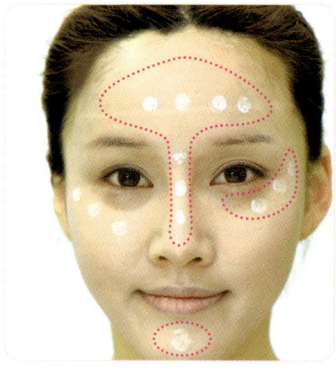
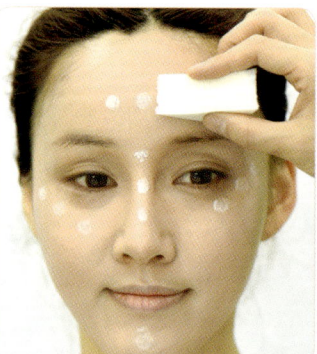
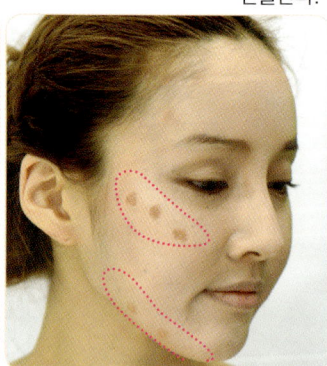
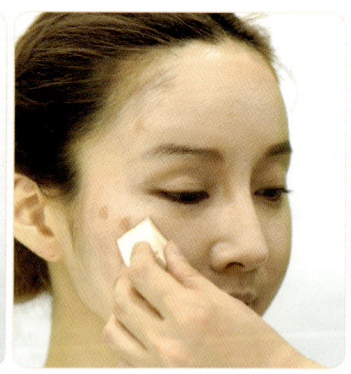

1   T존 부위와 Y존 부위에 하이라이트를 주어 콧대와 얼굴의 윤곽을 살려준다.

2   코벽, 턱선, 볼뼈, 헤어라인에 셰이딩을 주어 윤곽 수정을 자연스럽게 표현한다.

 하이라이트 색상
 셰이딩 색상

3 파우더

파우더를 피부에 잘 밀착되도록 솜털 사이사이에 파우더가 스며들어 보송보송한 느낌이 나게 꼼꼼히 매트하게 바른다.

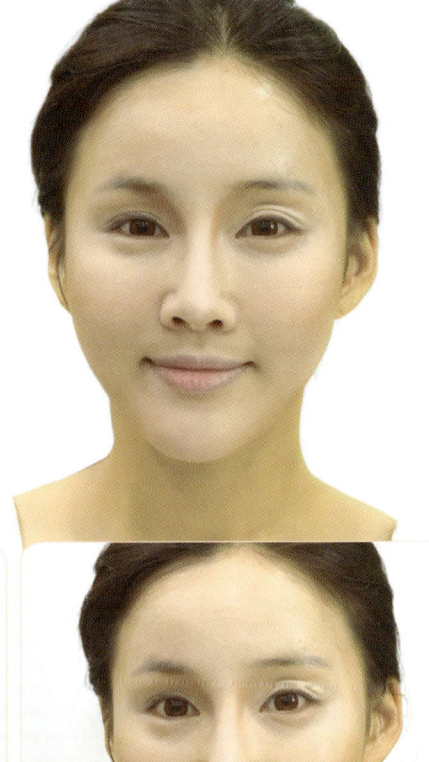

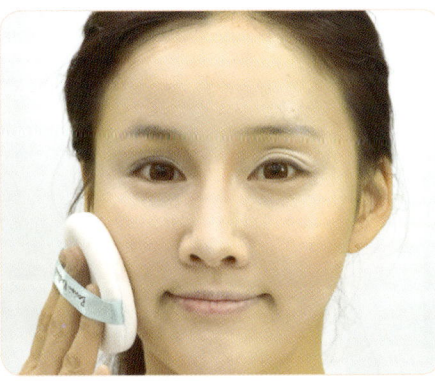

03 | 아이브로

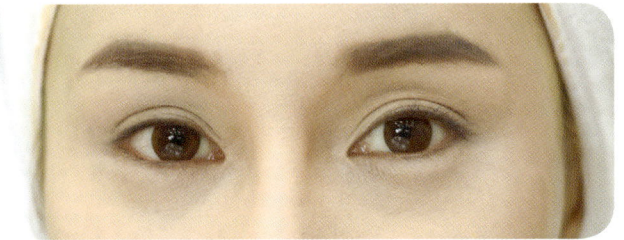

팁 | 아이브로를 그릴 때는 콤비 펜슬, 에보니 펜슬, 아이섀도 등을 적절히 사용한다.

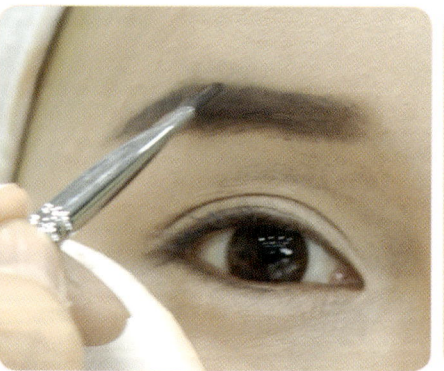

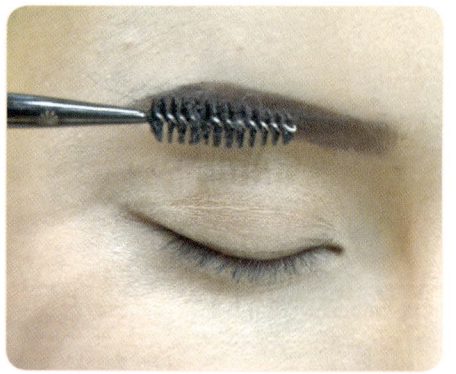

1 모델의 눈썹 모양에 맞추어 흑갈색으로 눈썹산이 약간 각지도록 표현한다.

2 아이브로 브러시에 갈색과 회색 셰도를 섞어 빈 부분을 채우듯 눈썹 숱이 없는 부분을 중심으로 가볍게 쓸어준다.

3 스크루 브러시로 한 번 더 눈썹 결대로 빗어주어 톤을 부드럽고 일정하게 조절한다.

04 | 아이섀도

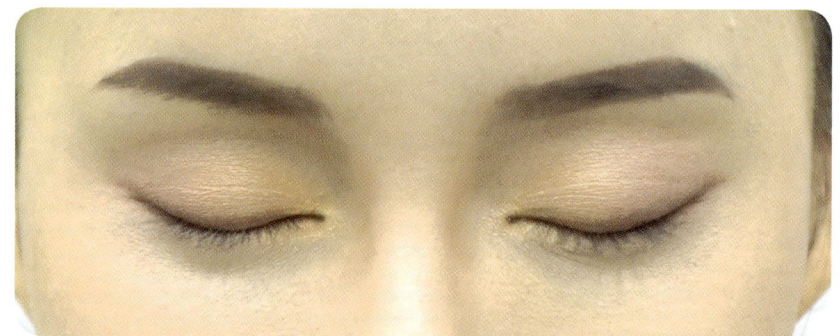

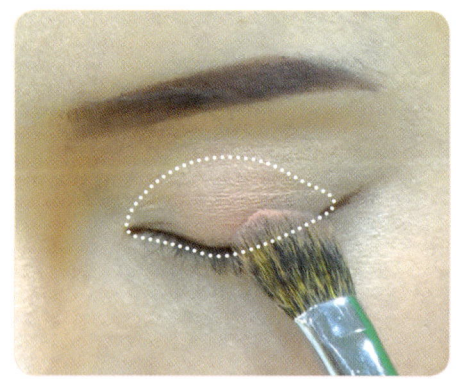

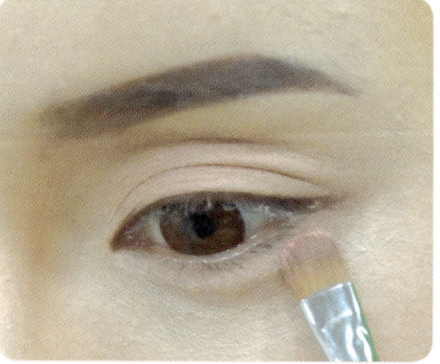

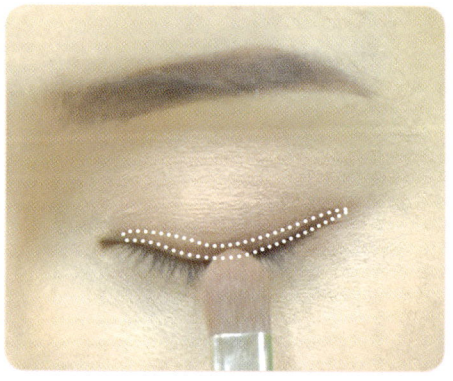

1 펄감이 없는 피치색의 아이섀도를 눈두덩 전체에 펴 바른다.

2 도면과 같이 언더에도 자연스럽게 눈매를 감싸듯 이어지게 바른다.

팁 | 눈앞머리 약 1cm 부분에 골드펄이 들어갈 자리는 비워둔다.

3 브라운색의 아이섀도를 속눈썹 라인에 발라 깊이감을 준 후 눈두덩 위로 살짝 그라데이션 하여 발라준다.

| Checkpoint |
• 그라데이션을 할 때 아이홀 라인에 경계가 생기지 않도록 주의한다.

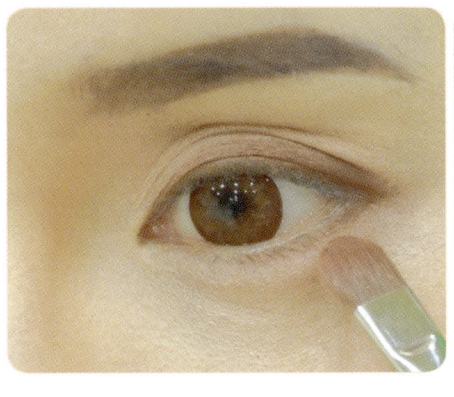

브러시를 세워 눈 앞머리 약 1/3 지점까지 5mm 정도의 두께로 바른다.

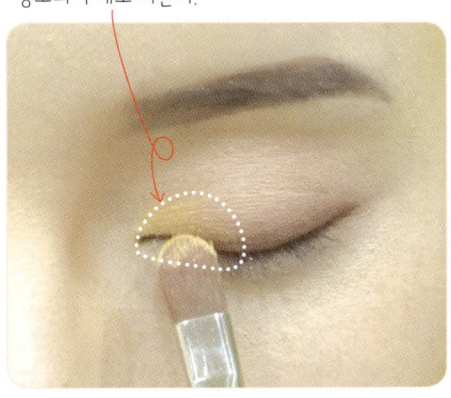

눈 앞머리 약 1/3 지점까지 위아래로 골드 펄을 발라 화려함을 연출한다.

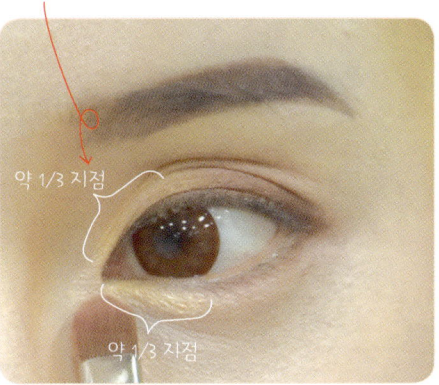

약 1/3 지점

약 1/3 지점

4 브라운 컬러를 눈꼬리 삼각지점 언더라인 부분에서 앞쪽방향으로 가볍게 음영감을 표현한다.

팁 | 자연스럽게 음영만 살린다는 느낌으로 진하지 않게 한다.

5 골드펄의 섀도나 피그먼트를 눈앞머리 쪽의 언더라인에 발라준다.

팁 | 눈앞머리 약 1cm부분에 골드펄이 들어갈 자리는 비워 둔다.

6 골드펄의 섀도나 피그먼트를 눈앞머리의 위를 아이홀라인에 경계가 생기지 않게 은은하게 겹쳐서 블렌딩하여 펴 발라준다.

05 | 아이라인

젤 타입의 블랙 아이라이너

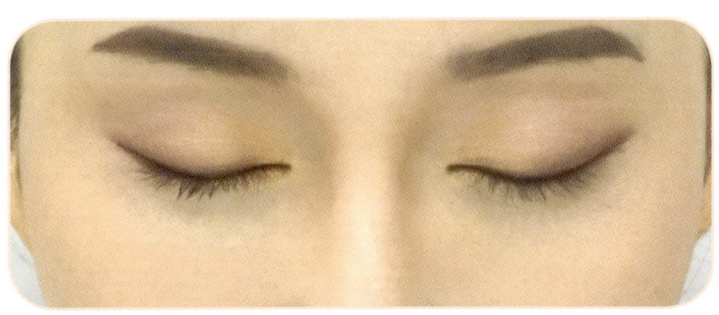

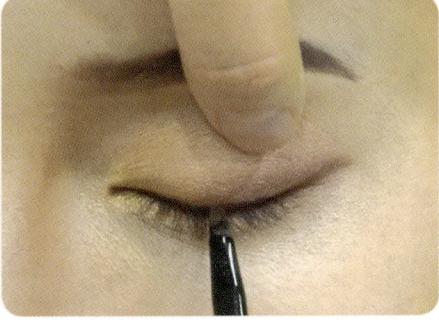

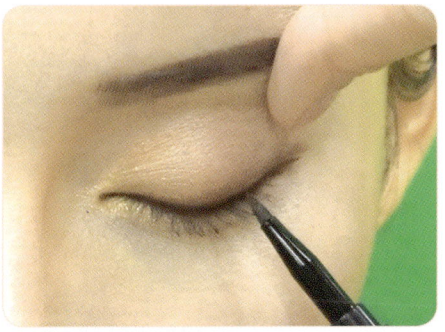

1 모델의 시선을 코끝을 향하게 하고 엄지로 눈두덩을 살짝 눌러 속눈썹 뿌리 피부가 보이도록 하여 아이라인 앞 라인을 그려준다.

2 점막의 비어있는 부분을 속눈썹이 자라는 방향으로 아이라이너를 콕콕 찌르듯 모근 부분을 채우는 느낌으로 꼼꼼하게 발라준다.

3 점막 쪽에 그려진 아이라인선 윗부분을 좌우로 터치하듯 선을 정돈하면서 그려준다.

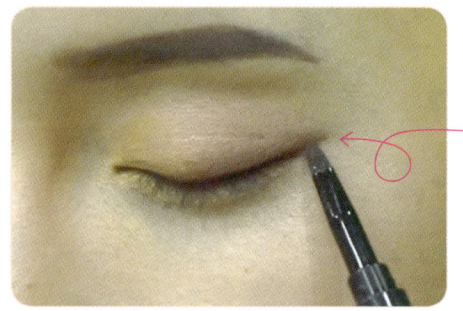

아이라인 꼬리가 너무 올라가거나 처지지
않게 그려준다.

4 아이라인의 꼬리를 약간만 길게 빼서 자연스럽게 눈매를 교정한다.

06 | 자연 속눈썹 컬링

1 한 손으로 눈두덩을 약간 당겨주고 모델의 눈동
자는 아래를 보게 한다.

2 속눈썹 앞머리부터 눈꼬리 부분까지 모두 뷰러
안으로 들어가게 한 다음 속눈썹 뿌리부분 →
중간 → 끝부분을 차례로 집어주면서 컬을 만
들어 준다.

3 속눈썹이 자연스럽게 말려 올라갈 수 있도록 뷰
러를 쥔 손을 위로 올려준다.

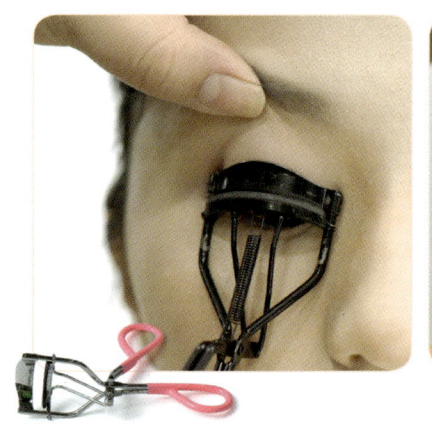 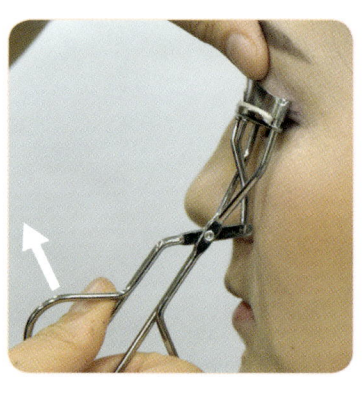

| 감점요인 |
• 컬링 모양이 부자연스러울 때
• 컬링 작업 중 속눈썹이 손상되었을 때

07 | 인조 속눈썹 붙이기

속눈썹 안쪽 튀어나온
라인을 손가락으로
누르며 떼낸다.

 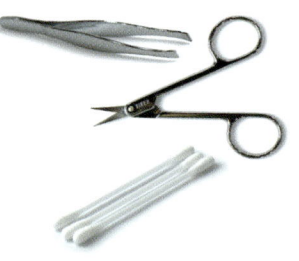

인조 속눈썹을 케이스에서 분리할 때 끝
을 잡아당기면 손상되기 쉬우므로 눈썹이
나있는 쪽 라인을 손가락(쪽집게는 사용
하지 말 것)으로 누르면서 서서히 살짝 떼
어낸다.

| Checkpoint |
• 속눈썹 양 끝부분은 중앙 부위에 비해 쉽게 떨어지므로 양 끝에 접착
제를 조금 더 바른다.
• 접착제를 지나치게 많이 바르거나 속눈썹이 처지지 않도록 한다.

1 꼬리쪽이 긴 인조 속눈썹을 준비한다.

2 모델의 눈 길이에 맞게 속눈썹 가위로 인조 속눈썹 길이를 조절한다.

3 인조 속눈썹 밑부분에 접착제(글루)를 바르고 접착제가 마르기 직전에 족집게를 사용하여 인조 속눈썹을 붙여준다.

08 | 마스카라

1 병 입구에서 마스카라액을 적당하게 조절한 후 속눈썹의 뿌리 쪽에서 지그재그 방향으로 힘을 준 다음 빗질하듯 가볍게 쓸어 올려준다.

2 마스카라를 속눈썹 안쪽 뿌리부터 발라준다. 언더 속눈썹은 브러시를 바로 세워 뭉치지 않게 빗어준다.

| Checkpoint |
• 브러시에 마스카라 액이 많이 묻어 있을 경우 눈썹이 뭉칠 수 있으므로 액을 적당히 조절한다.
• 마스카라가 피부에 묻지 않도록 주의한다.

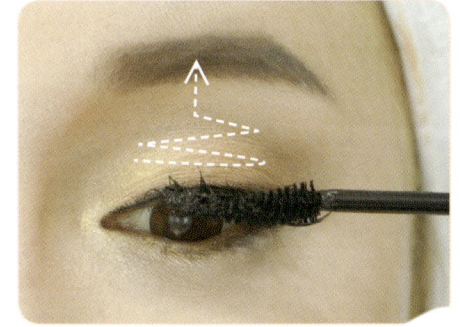

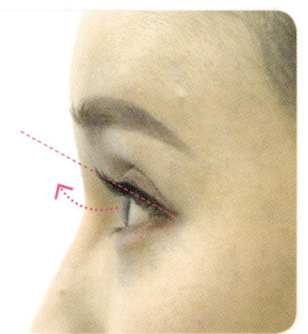

09 | 치크

피치색 블러셔로 광대뼈 바깥쪽에서 안쪽으로 부드럽게 위로 쓸어준 다음 자연스럽게 경계선을 없애준다.

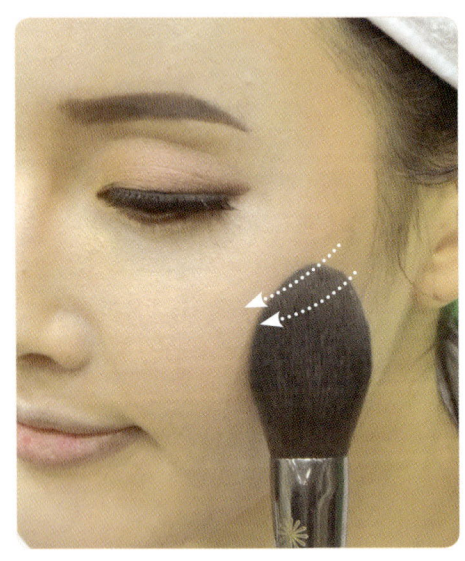 

10 | 립

립 브러시를 사용하여 베이지 핑크색으로 입술을 바르고 입술 라인을 선명하게 표현한다.

11 | 마무리

사용한 재료와 도구는 모두 제자리에 정리하고 작업대 위를 깔끔하게 정리한다.

before | after
-front

after
-side | after
-left side

HANBOK MAKE-UP

한복 메이크업

Makeup Artist Certification

40 min

배점 30

개요

01 | 과제개요

베이스 메이크업	눈썹	눈	볼	입술	배점	작업시간
• 결점 커버 • 윤곽 수정	브라운색	• 펄 피치색 • 브라운색 • 크림색	오렌지 계열색	오렌지 레드색	30점	40분

02 | 심사기준

구분	사전심사	시술순서 및 숙련도						완성도
		소독	베이스 메이크업	눈썹	눈	볼	입술	
배점	3	3	3	3	6	3	3	6

03 | 심사 포인트

(1) 사전심사

【수험자 및 모델의 복장】
① 수험자와 모델이 규정에 맞는 복장을 하고 있는가?
② 수험자와 모델이 불필요한 액세서리 등을 착용하고 있지 않는가?

【테이블 세팅】
① 시술에 필요한 준비목록이 모두 구비되어 있는가?
② 과제에 불필요한 도구 및 재료가 세팅되어 있지 않는가?
③ 작업 테이블이 위생적으로 정리되어 있는가?
④ 위생이 필요한 도구를 적절하게 소독하였는가?

(2) 본심사

【시술 순서 및 숙련도】
① 시술 순서가 잘못되지 않았는가?
② 전체 과정을 얼마나 능숙하게 작업하였는가?

【베이스 메이크업】
① 모델의 피부톤에 적합한 메이크업 베이스를 선택하여 얇고 고르게 펴 발랐는가?
② 모델의 피부 톤에 맞춰 결점을 커버하여 깨끗하게 피부표현을 하였는가?
③ 셰이딩과 하이라이트 후 파우더로 가볍게 마무리하였는가?

【아이브로】
모델의 눈썹 모양에 맞추어 자연스러운 브라운 컬러의 눈썹을 표현하였는가?

【아이섀도】
① 펄이 약간 가미된 피치색으로 눈두덩과 언더라인 전체에 발랐는가?
② 브라운색 아이섀도로 아이라인 주변을 짙게 바르고 눈두덩 위로 자연스럽게 그라데이션을 하였는가?
③ 아이홀 라인에 경계가 생기지 않게 눈꼬리 언더라인의 1/2~1/3까지 그라데이션을 하였는가?
④ 언더라인은 밝은 크림색 섀도를 덧발라 애교살이 돈 보이도록 하였는가?

【아이라인】
① 아이라이너로 속눈썹 사이를 잘 메워 그렸는가?
② 눈매를 아름답게 교정하였는가?

【속눈썹】
① 자연 속눈썹은 뷰러를 이용하여 제대로 컬링을 하였는가?
② 인조 속눈썹을 제대로 부착하였는가?
③ 마스카라를 제대로 발랐는가?

【볼】
오렌지 계열로 광대뼈 위쪽에 안에서 바깥으로 블렌딩해서 발랐는가?

【입술】
오렌지 레드색으로 입술을 바르고 입술 라인을 선명하게 표현하였는가?

【완성도】
① 전체적인 완성도 체크
② 작업 종료 후 정리정돈을 잘 하였는가?

04 | 과제 요구사항

메이크업 베이스
- 모델의 피부색에 적합한 메이크업베이스를 선택하여 얇고 고르게 펴바름
- 모델의 피부톤에 맞춰 결점을 커버하여 깨끗한 피부를 표현
- 셰이딩과 하이라이트 후 파우더로 가볍게 마무리

눈썹
눈썹 모양에 맞추어 자연스러운 브라운 컬러의 눈썹을 표현

치크
오렌지 계열로 광대뼈 위쪽의 안에서 바깥으로 블랜딩해서 바름

립
오렌지 레드색 립컬러로 바르고 입술 라인을 선명하게 표현

아이섀도
- 펄이 약간 가미된 피치색으로 눈두덩이와 언더라인 전체에 바름
- 브라운색 아이섀도로 도면과 같이 아이라인 주변을 짙게 바르고 눈두덩이 위로 자연스럽게 그라데이션 한 후 눈꼬리 언더라인 1/2~1/3까지 그라데이션 (아이홀 라인의 경계가 생기지 않도록 할 것)
- 언더라인에는 밝은 크림색 섀도를 덧발라 애교살이 돋보이게 표현

아이컬링 및 인조 속눈썹
- 뷰러로 자연 속눈썹을 컬링
- 인조 속눈썹은 모델 눈에 맞춰 붙이고, 마스카라를 바름

아이라인
속눈썹 사이를 메꾸어 그리고, 눈매를 아름답게 교정

05 | 작업대 세팅

준비물 꼭 챙기세요!

| 작업대 세팅 시 주의사항 |
- 시험 전 메이크업 도구관리 체크리스트에 따라 사전점검 작업을 실시한다.
- 시험 도중에는 도구나 재료를 꺼낼 수 없으므로 모든 재료가 세팅되었는지 다시 한번 체크한다.

01. 아이섀도 팔레트
02. 립 팔레트
03. 더블 콤팩트
04. 치크(핑크, 오렌지)
05. 팔레트
06. 소프트 파운데이션
     (화이트, 살색, 브라운)
07. 페이스 파우더(핑크)
08. 페이스 파우더(베이지)

09. 젤 아이라인
10. 금색펄 피그먼트
11. 속눈썹 풀
12. 인조속눈썹
13. 리퀴드 파운데이션(라이트베이지)
14. 컨실러
15. 파운데이션(샤이닝 베이지)
16. 파운데이션(다크 베이지)

17. 메이크업 베이스(핑크)
18. 리퀴드 파운데이션(내추럴 베이지)
19. 메이크업 베이스(그린)
20. 메이크업용 브러쉬세트, 뷰러
21. 아이브로 펜슬(화이트, 블랙, 브라운)
     립펜슬(레드, 브라운)
     마스카라
     아이라인

22. 분첩, NRG사각퍼프
23. 탈지면 용기, 미용솜
24. 스파츌라, 눈썹가위, 족집게
25. 면봉

본심사

01 | 소독 및 위생

1 수험자의 손 소독하기

화장솜(탈지면)에 소독제(안티셉틱)를 2~3회 뿌려 양손을 번갈아가며 양 손등, 손바닥, 손가락 사이를 꼼꼼히 닦아낸 후 위생봉투에 버린다.

2 도구 소독하기

스파출라, 속눈썹 가위, 족집게, 눈썹칼, 플레이트판 등의 도구를 소독제로 소독한다.

02 | 베이스 메이크업

1 메이크업 베이스

1 모델의 피부톤에 적합한 메이크업 베이스를 플레이트판에 적당량을 덜어낸다.

2 얼굴 전체에 적당량을 콕콕 찍듯 얹어준 후 브러시를 이용하여 얇고 고르게 펴 바른다.

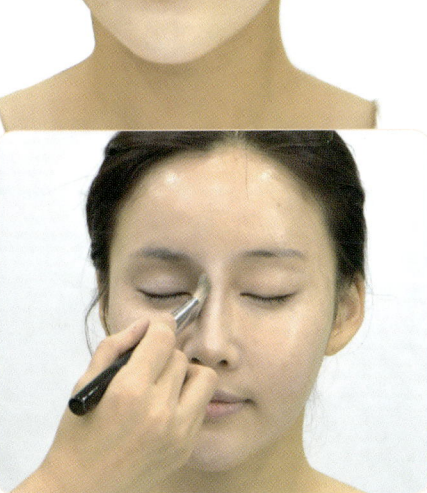

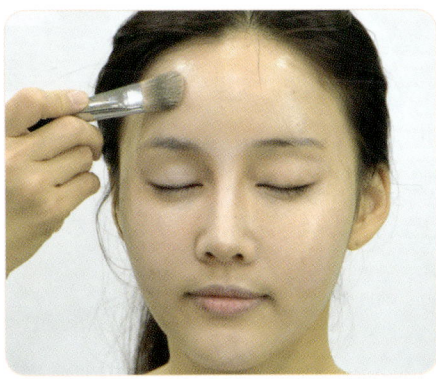 

2 파운데이션

1 모델의 피부톤에 맞춰 결점을 커버하여 깨끗하게 피부 표현을 한다.

2 모델의 피부톤에 맞추어 리퀴드 또는 크림 타입의 파운데이션을 얼굴 전체에 골고루 펴 바른다.

  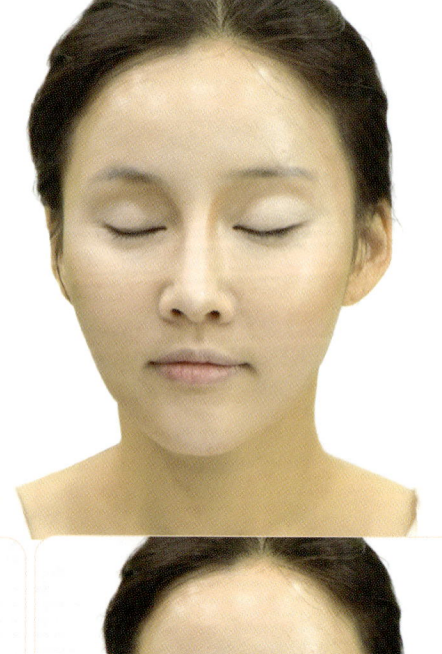

파운데이션 컬러보다 1~2톤 밝은 리퀴드 타입 컨실러로 다크서클, 붉은 반점, 여드름, 기미, 굵힌 상처 자국이나 코 옆주름 등을 커버하여 깨끗한 피부를 연출한다.

하이라이트 및 셰이딩

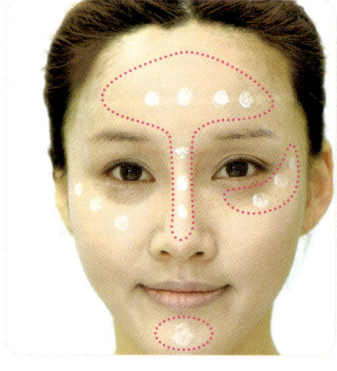  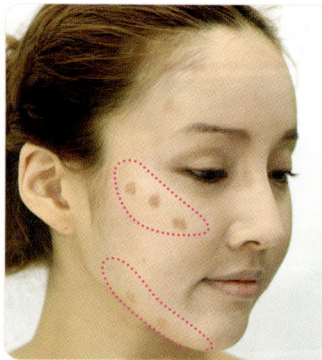 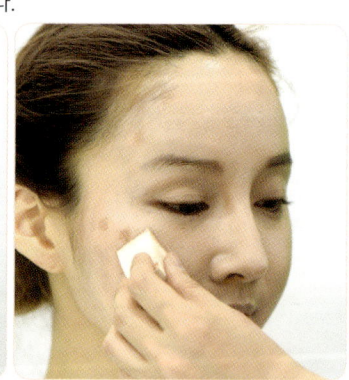

1 T존 부위와 Y존 부위에 하이라이트를 주어 콧대와 얼굴의 윤곽을 살려준다.

2 코벽, 턱선, 볼뼈, 헤어라인에 셰이딩을 주어 윤곽 수정을 자연스럽게 표현한다.

 하이라이트 색상
 셰이딩 색상

③ 파우더

파우더를 피부에 잘 밀착되도록 솜털 사이사이에 파우더가 스며들어 보송보송한
느낌이 나게 가볍게 바른다.

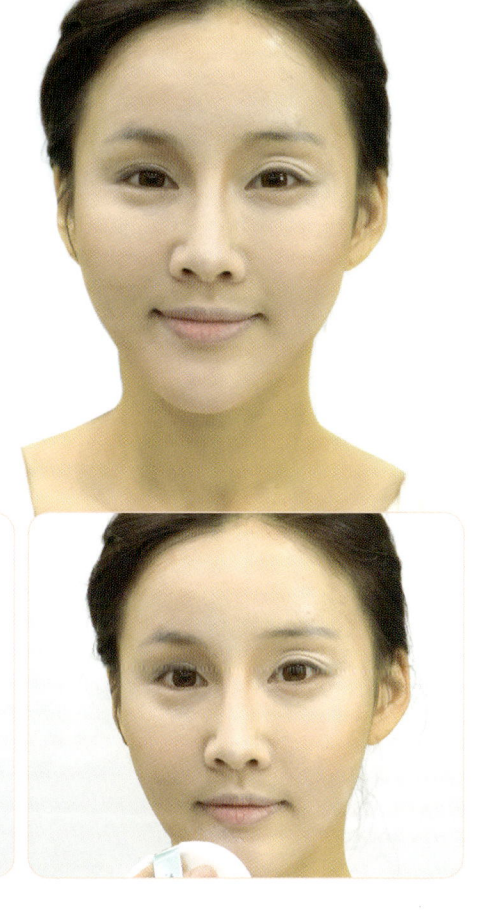

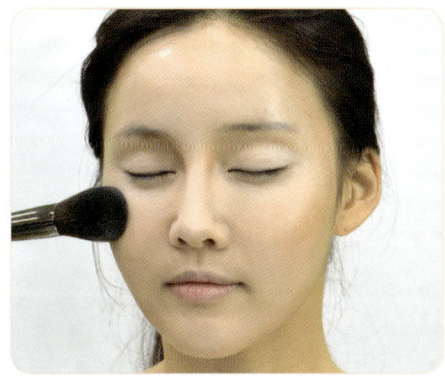

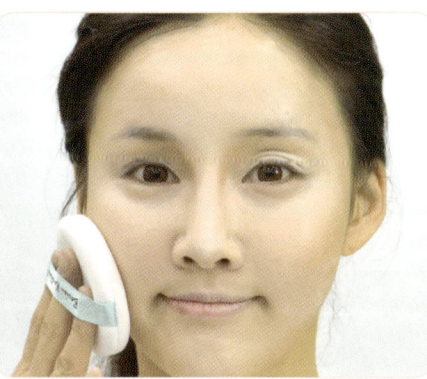

03 | 아이브로

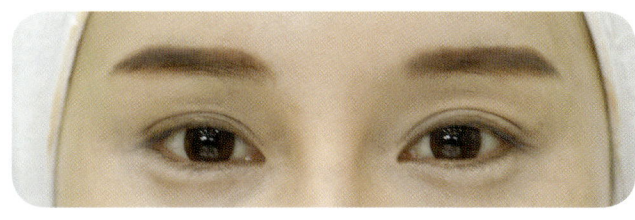

| Checkpoint |

부드러운 이미지가 중요하므로 눈썹산이 지나치게
높거나 진하지 않도록 주의한다.

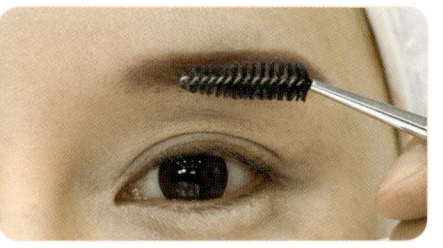

1 눈썹 브러시에 브라운색의 섀도를 묻
혀 모델의 눈썹 모양에 맞추어 자연
스럽게 표현한다.

2 스크루 브러시로 한 번 더 눈썹 결대
로 빗어주어 톤을 부드럽고 일정하게
조절한다.

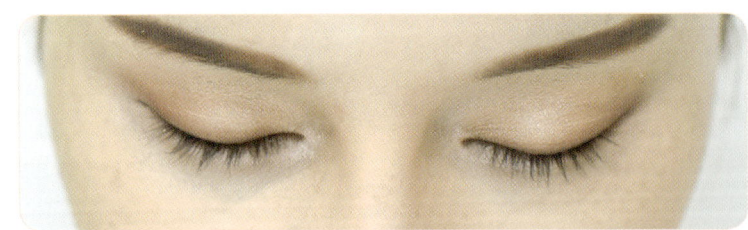

| Checkpoint |

아이섀도는 베이스 컬러를 펴 바르고, 포인트 컬러로 눈꼬리 부분에 포인트를 준다. 이 때 전체적으로 강하지 않고 부드러운 느낌을 주는 것이 중요하다. 섀도를 음영만 주는 대신 아이라인과 마스카라를 강조, 눈에 깊이감을 주도록 한다.

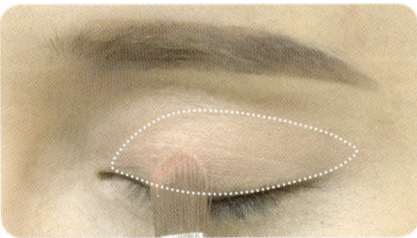
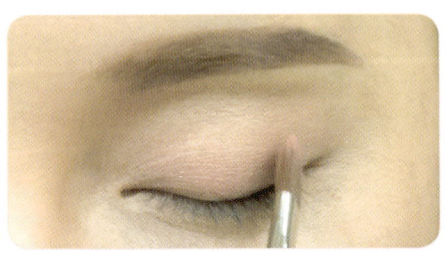

1 펄이 약간 가미된 피치색의 아이섀도를 아이홀을 중심으로 눈두덩에 바른다.

2 아이홀이 경계가 지지 않도록 속눈썹에 가까운 부분부터 펴 바르고 브러시에 남은 여분의 섀도를 이용해서 전체적으로 자연스럽게 블렌딩해 준다.

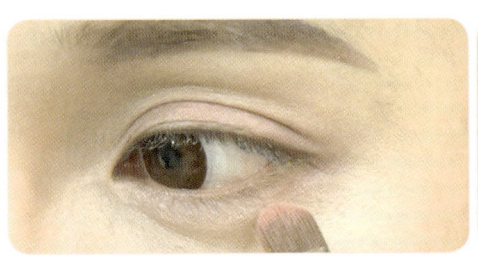

주의 | 너무 두껍지 않도록 한다.

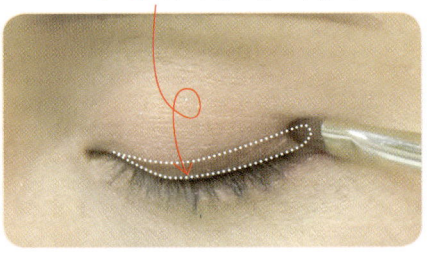

3 같은 피치색의 아이섀도를 언더라인 전체에 바른다.

4 브라운색 아이섀도로 속눈썹에 가까울수록 어두워지도록 아이라인 주변을 짙게 바른다.

5 브라운색 아이섀도를 눈두덩 위로 자연스럽게 그라데이션을 한다.

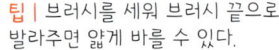

팁 | 브러시를 세워 브러시 끝으로 발라주면 얇게 바를 수 있다.

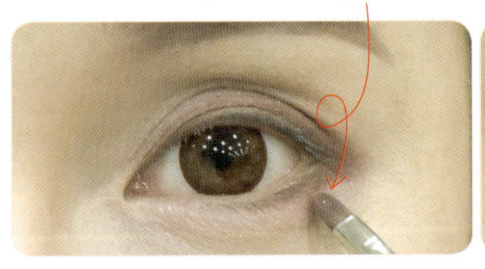
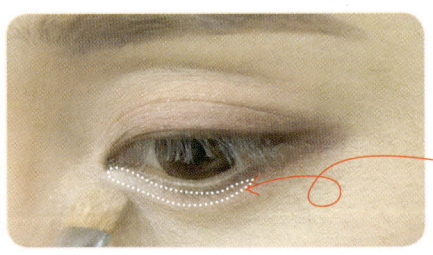
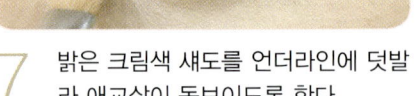

표시된 선만큼 발라주고 언더라인 끝으로 갈수록 사라지게 바른다.

6 언더라인은 언더라인 브러시나 포인트 브러시로 눈꼬리 끝에서 1/2~1/3까지 브라운색 아이섀도를 사용하여 눈매를 교정한다는 느낌으로 얇게 살짝만 발라 그라데이션을 한다.

7 밝은 크림색 섀도를 언더라인에 덧발라 애교살이 돋보이도록 한다.

05 | 아이라인

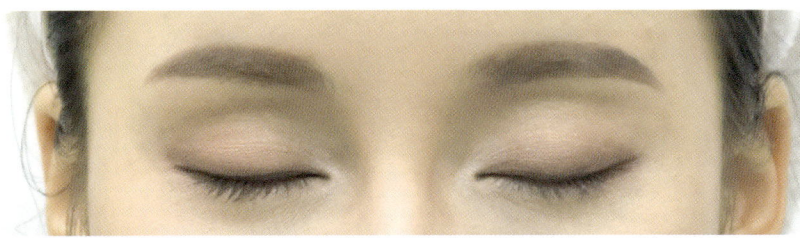

1 젤 타입의 아이라이너를 아이라이너 브러시에 묻힌다.

2 손가락으로 눈두덩을 살짝 눌렀을 때 비어 있는 속눈썹 사이를 메우는 느낌으로 속눈썹이 자라는 방향으로 가볍게 터치해 준다.

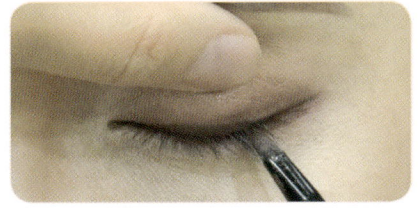
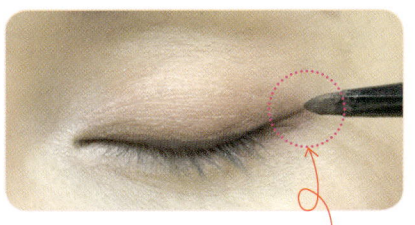

눈꼬리를 살짝 길게 빼준다.

06 | 자연 속눈썹 컬링 및 인조 속눈썹 붙이기

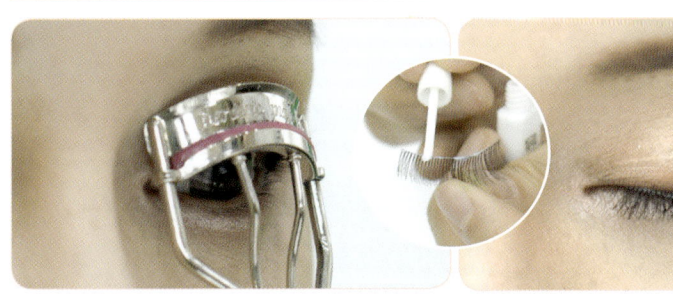

1 뷰러를 이용하여 자연 속눈썹을 컬링한다.

2 인조 속눈썹 밑에 접착제를 바른 후 접착제가 마르기 직전에 족집게를 사용하여 붙인다.

3 면봉을 이용하여 속눈썹에 꼼꼼히 붙인다.

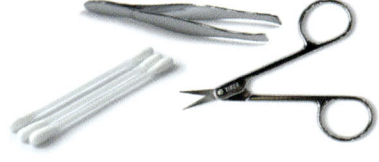

07 | 마스카라

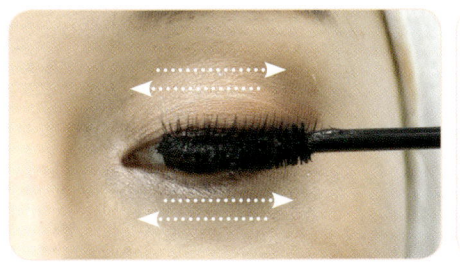

마스카라를 발라 마무리 컬링을 한다.

아래서부터 지그재그 방향으로 비틀면서 위로 컬링

08 | 치크

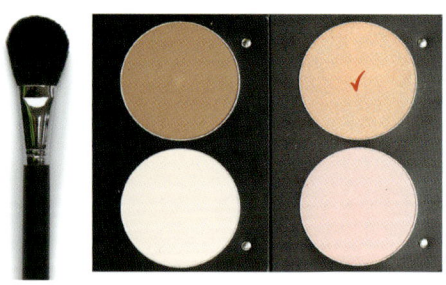

블러셔 브러시를 사용하여 오렌지 계열의 블러셔를 광대뼈 위쪽의 안쪽에서 바깥쪽으로 부드럽게 쓸어준 다음 자연스럽게 경계선을 없애준다.

09 | 립

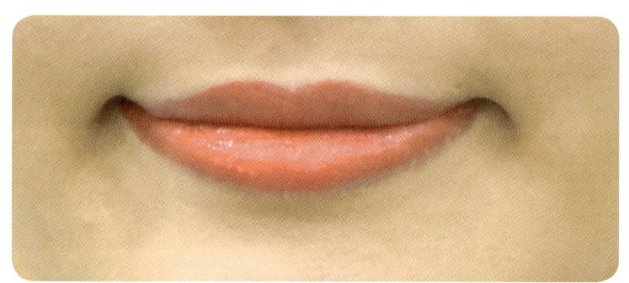

립 브러시를 사용하여 오렌지 레드색으로 입술 안쪽을 짙게 바르고 입술 라인을 선명하게 표현한다.

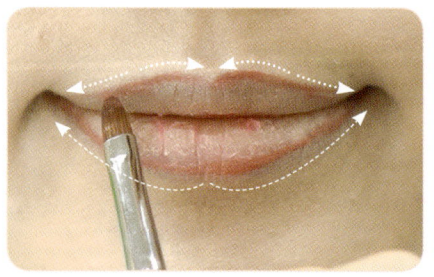

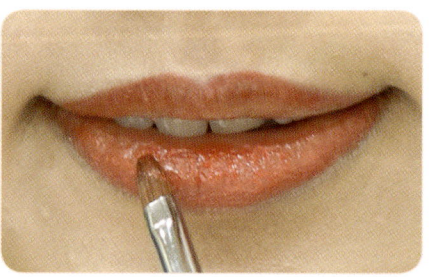

10 | 마무리

사용한 재료와 도구는 모두 제자리에 정리하고 작업대 위를 깔끔하게 정리한다.

before | after
-front

after
-side | after
-left side

01

NATURAL
MAKE-UP

내추럴 메이크업

Makeup Artist Certification

개요

01 | 과제개요

베이스 메이크업	눈썹	눈	볼	입술	배점	작업시간
• 리퀴드 파운데이션 • 투명 파우더	자연스러운 눈썹	• 베이지색 • 브라운색	피치색	베이지 핑크색	30점	40분

02 | 심사기준

구분	사전심사	시술순서 및 숙련도						완성도
		소독	베이스 메이크업	눈썹	눈	볼	입술	
배점	3	3	3	3	6	3	3	6

03 | 심사 포인트

(1) 사전심사

【수험자 및 모델의 복장】
① 수험자와 모델이 규정에 맞는 복장을 하고 있는가?
② 수험자와 모델이 불필요한 액세서리 등을 착용하고 있지 않는가?

【테이블 세팅】
① 시술에 필요한 준비목록이 모두 구비되어 있는가?
② 과제에 불필요한 도구 및 재료가 세팅되어 있지 않는가?
③ 작업 테이블이 위생적으로 정리되어 있는가?
④ 위생이 필요한 도구를 적절하게 소독하였는가?

(2) 본심사

【시술 순서 및 숙련도】
① 시술 순서가 잘못되지 않았는가?
② 전체 과정을 얼마나 능숙하게 작업하였는가?

【베이스 메이크업】
① 모델의 피부톤에 적합한 메이크업 베이스를 선택하여 얇고 고르게 펴 발랐는가?
② 모델의 피부색과 비슷한 리퀴드 파운데이션을 사용하였는가?
③ 투명 파우더를 사용하여 마무리하였는가?

【아이브로】
모델의 눈썹 결을 최대한 살려 자연스럽게 그렸는가?

【아이섀도】
① 펄이 없는 베이지색으로 눈두덩과 언더라인 전체에 발렸는가?
② 브라운색으로 아이라인 주변을 바르고 눈두덩이 위로 자연스럽게 그라데이션을 하였는가?
③ 아이홀 라인에 경계가 생기지 않게 눈꼬리 언더라인의 1/2~1/3까지 그라데이션을 하였는가?

【아이라인】
① 브라운색의 섀도 타입이나 펜슬 타입을 이용하여 점막을 채우듯이 속눈썹 사이를 메워 그렸는가?
② 눈매를 자연스럽게 교정하였는가?

【속눈썹】
① 뷰러를 이용하여 자연 속눈썹을 제대로 컬링하였는가?
② 마스카라를 이용하여 위아래 속눈썹을 모두 한올 한올 뭉치지 않게 발라 자연스러운 C컬이 되도록 연출하였는가?

【볼】
피치색으로 광대뼈 안쪽에서 바깥쪽으로 블렌딩하였는가?

【입술】
입술을 베이지 핑크색으로 자연스럽게 발랐는가?

【완성도】
① 전체적인 완성도 체크
② 작업 종료 후 정리정돈을 잘 하였는가?

04 | 과제 요구사항

메이크업 베이스
- 모델 피부색과 유사한 리퀴드 파운데이션
- 경우에 따라 피부 결점 등을 커버하기 위한 컨실러 사용
- 파운데이션은 두껍지 않게 골고루 펴바르고, 투명 파우더로 마무리

눈썹
모델의 눈썹 결을 최대한 살려 자연스럽게 표현

치크
피치색으로 광대뼈 안쪽에서 바깥쪽으로 블렌딩

립
베이지 핑크색

아이섀도
- 펄이 없는 베이지색으로 눈두덩이와 언더라인 전체에 바름
- 브라운색으로 아이라인 주변을 바르고 눈두덩이 위로 자연스럽게 그라데이션한 후 눈꼬리 언더라인 1/2~1/3까지 그라데이션

아이컬링
- 뷰러로 자연 속눈썹을 컬링
- 속눈썹은 마스카라를 이용하여 자연스러운 C컬이 되도록 연출

아이라인
- 브라운색의 섀도우 타입이나 펜슬 타입을 이용하여 속눈썹 사이를 메우고 눈매를 자연스럽게 교정

05 | 작업대 세팅

※시험 도중에는 도구나 재료를 꺼낼 수 없으므로 바구니에 모든 재료가 세팅되어 있는지 다시 한 번 체크한다.

| 작업대 세팅 시 주의사항 |
- 시험 전 메이크업 도구관리 체크리스트에 따라 사전점검 작업을 실시한다.
- 시험 도중에는 도구나 재료를 꺼낼 수 없으므로 모든 재료가 세팅되었는지 다시 한번 체크한다.

준비물 꼭 챙기세요!

01. 아이섀도 팔레트
02. 립 팔레트
03. 더블 콤팩트
04. 치크(핑크, 오렌지)
05. 팔레트
06. 소프트 파운데이션 (화이트, 살색, 브라운)
07. 페이스 파우더(핑크)
08. 페이스 파우더(베이지)

09. 젤 아이라인
10. 금색펄 피그먼트
11. 속눈썹 풀
12. 인조속눈썹
13. 리퀴드 파운데이션(라이트베이지)
14. 컨실러
15. 파운데이션(샤이닝 베이지)
16. 파운데이션(다크 베이지)

17. 메이크업 베이스(핑크)
18. 리퀴드 파운데이션(내추럴 베이지)
19. 메이크업 베이스(그린)
20. 메이크업용 브러쉬세트, 뷰러
21. 아이브로 펜슬(화이트, 블랙, 브라운) 립펜슬(레드, 브라운) 마스카라 아이라인

22. 분첩, NRG사각퍼프
23. 탈지면 용기, 미용솜
24. 스파츌라, 눈썹가위, 족집게
25. 면봉

본심사

01 | 소독 및 위생

1 수험자의 손 소독하기
화장솜(탈지면)에 소독제(안티셉틱)를 2~3회 뿌려 양손을 번갈아가며
양 손등, 손바닥, 손가락 사이를 꼼꼼히 닦아낸 후 위생봉투에 버린다.

2 도구 소독하기
스파츌라, 속눈썹 가위, 족집게, 눈썹칼, 플레이트판 등의 도구를 소독제로
소독한다.

02 | 베이스 메이크업

1 메이크업 베이스

1   모델의 피부톤에 적합한 메이크업 베이스를
플레이트판에 적당량을 덜어낸다.

2   얼굴 전체에 적당량을 콕콕 찍듯 얹어준 후
브러시를 이용하여 얇고 고르게 펴 바른다.

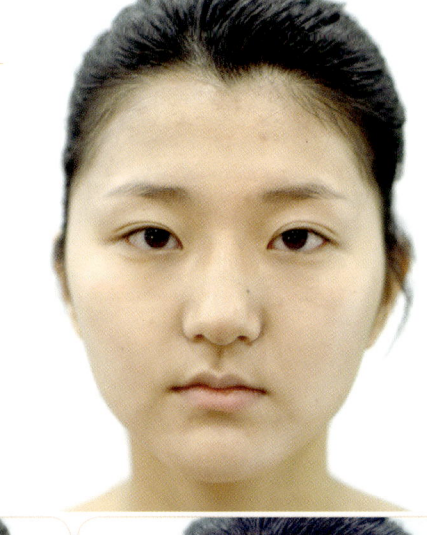 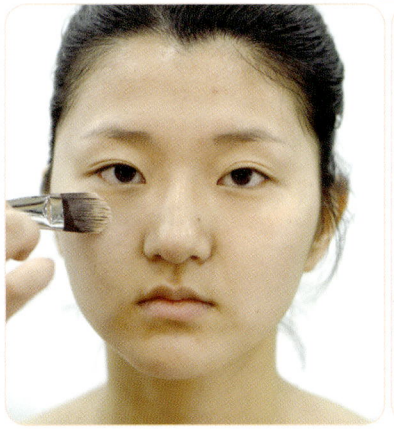 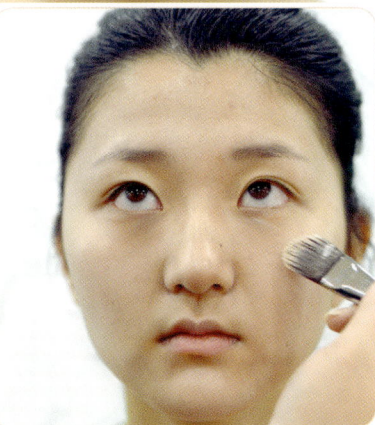

| Checkpoint |
- 내추럴 메이크업의 가장 중요한 단계는 베이스 메이크업이다.
  영양을 공급하고 충분히 두들겨 피부 속까지 흡수하게 한다.
- 내추럴 메이크업은 하이라이트 및 셰이딩 과정을 생략한다.

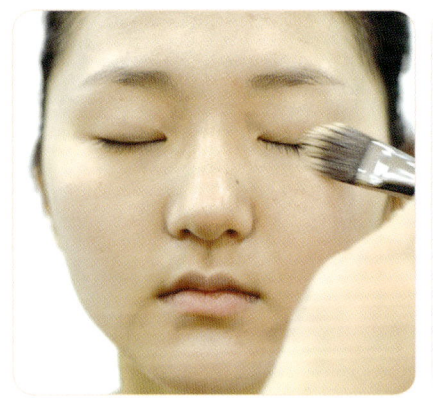

2 파운데이션

1 피부색과 비슷한 리퀴드 파운데이션을 플레이트판에 적당량을 덜어낸다. 얼굴 전체에 적당량을 콕콕 찍듯 얹어 준 후 파운데이션 브러시로 볼의 안쪽부터 바깥쪽으로 바른 후 이마, 코, 턱 순으로 고르게 펴 바른다.

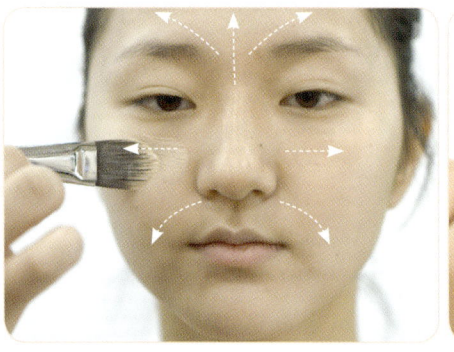

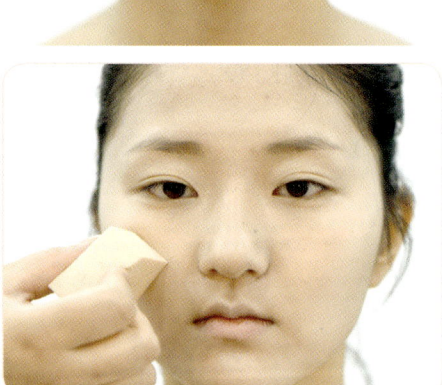

2 브러시를 눕혀서 힘을 빼고 톡톡 두드려 붓자국이 남지 않도록 한다.

주의 | 브러시를 세우거나 붓끝으로 바르게 되면 각질이 밀리거나 들뜰 수 있으므로 주의한다.

3 스펀지로 두드려 파운데이션을 바른다.

팁 | 브러시나 스펀지에 미스트나 물을 살짝 적신 후 팔레트에 있는 제형을 도구로 믹스한 후 적용하면 피부에 부드럽고 섬세하게 잘 발린다.

4 **컨실러** : 파운데이션 컬러보다 1~2톤 밝은 리퀴드 타입 컨실러로 다크서클, 붉은 반점, 여드름, 기미, 굵힌 상처자국이나 코 옆주름 등을 커버한다.

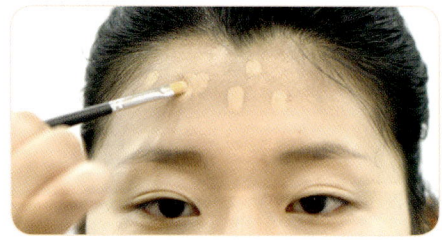
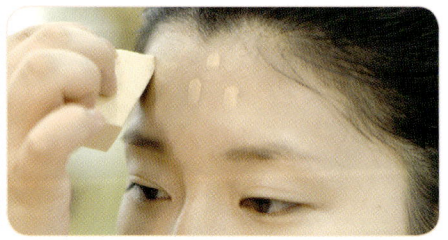

3 파우더

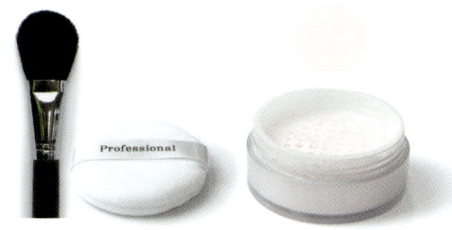

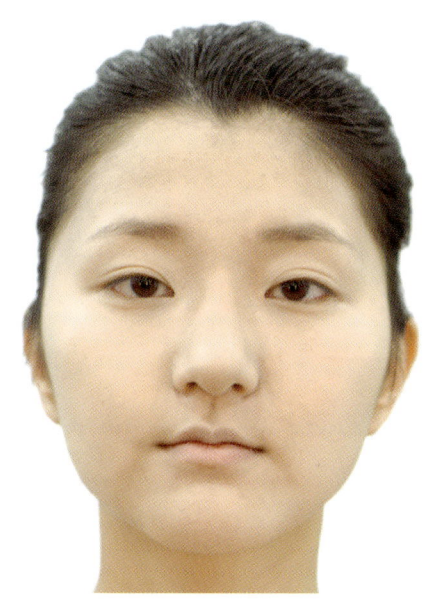

가벼운 느낌의 투명 루즈 파우더를 브러시에 묻힌 후 브러시를 한번 털어주고 손바닥에 두 번 정도 굴려 파우더의 양을 조절한 후 넓은 면에서 좁은 면으로, 얼굴 안쪽에서 바깥쪽으로 얼굴 전체에 골고루 발리준디.

03 | 아이브로

손에 힘을 주지말고 빈 곳을 채워준다는 느낌으로 가볍게 바른다.

눈썹꼬리까지 자연스럽게 연결해준다.

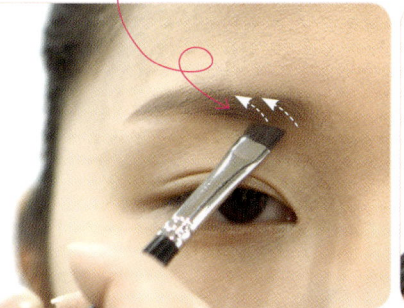
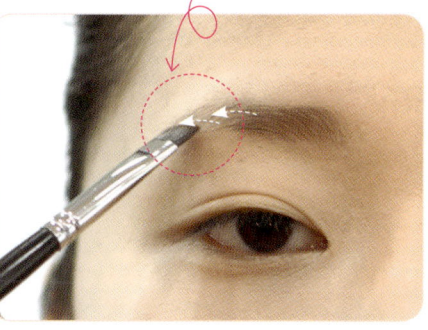

1 스크루 브러시로 눈썹 결의 방향을 살려 빗어준다.

2 눈썹 앞머리는 화살표 방향으로 눈썹 모양을 잡아주며 빈 곳을 한올한올 심어준다는 느낌으로 그려준다.

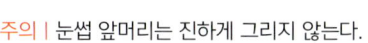

주의 | 눈썹 앞머리는 진하게 그리지 않는다.

3 아이브로 섀도를 이용해 눈썹의 결을 최대한 살려 눈썹 모양에 따라 색을 입혀준다.

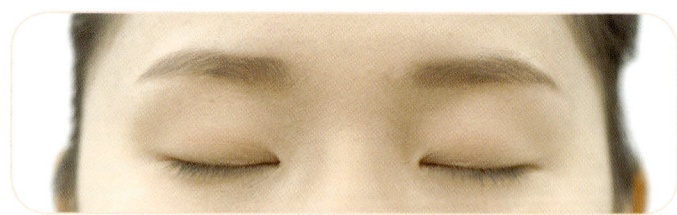

주의 | 아이홀에 경계가 지지 않게
그라데이션을 잘해준다.

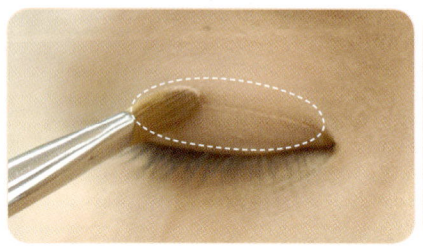

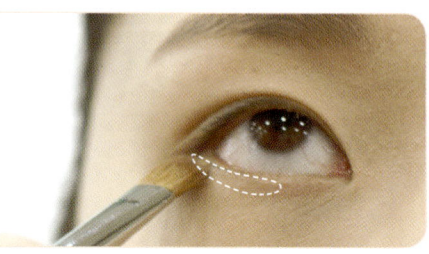

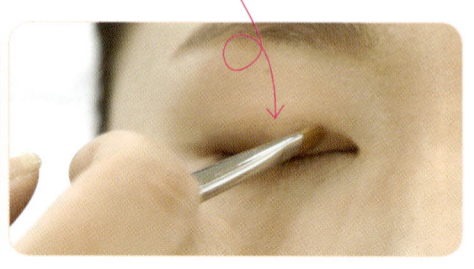

1 펄이 없는 베이지색으로 눈두덩과 언더라인 전체에 바른다.

2 모델의 시선을 약간 위로 향하게 하고 언더에도 발라준다. 1/2~1/3까지 그라데이션을 해준다.

3 브라운색 아이섀도로 아이라인 주변을 바르고 브러시를 45도로 기울여 눈두덩 위로 자연스럽게 그라데이션을 한다.

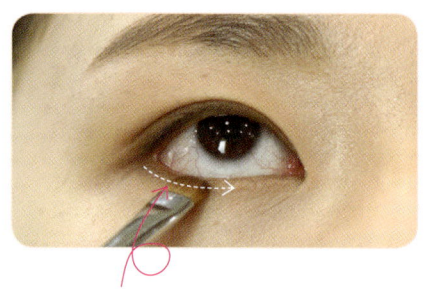

뒤쪽에서 앞쪽으로 은은하게 사라지도록 표현한다.

4 브라운 컬러로 눈꼬리 언더라인 1/2~1/3까지 눈매를 교정한다는 느낌으로 브러시 끝을 살짝 세워 얇게 발라준다.

5 아이섀도 화장 후 팬브러시를 사용하여 눈밑에 떨어진 여분의 가루를 털어낸다.

| Checkpoint |

아이섀도 연출 시 아이홀 라인의 경계가 생기지 않게 색이 조화롭게 그라데이션을 해준다.

팬브러시

05 | **아이라인**

또는

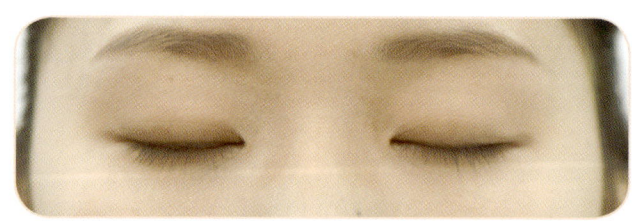

브라운 펜슬 라이너

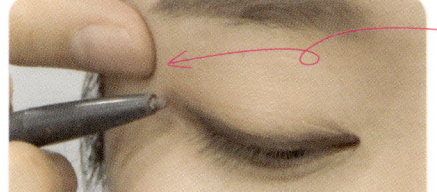

1 부드러운 느낌의 눈매를 연출하기 위해 브라운색 펜슬 타입의 아이라이너를 살짝 눕혀서 점막을 채우듯 눈 모근에 바짝 붙여 속눈썹 사이를 메워 그린다.

팁 | 포인트 브러시에 브라운 컬러를 조금 묻혀 아이라이너의 경계를 자연스럽게 그려주어도 된다.

팁 | 아이라인 부위가 눈꺼풀이 안으로 접히므로 모델 시선을 아래로 향하게 하고 시술자 엄지로 눈 바깥쪽을 살짝 당겨 그려준다.

2 아이라이너 끝을 눈매에 맞게 바깥쪽으로 살짝 빼주어 끊기는 느낌이 없게 눈꼬리를 자연스럽게 마무리한다.

06 | 자연 속눈썹 컬링

뷰러를 이용하여 자연 속눈썹을 컬링한다.

| 감점요인 |
• 컬링 각도가 충분하지 않고나 속눈썹에 손상이 있을 경우

 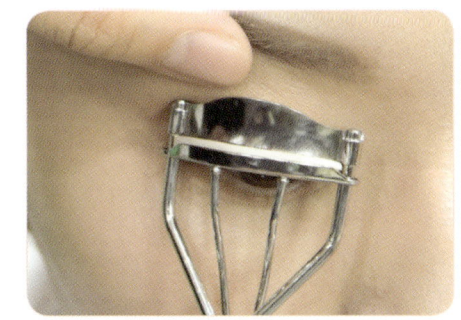 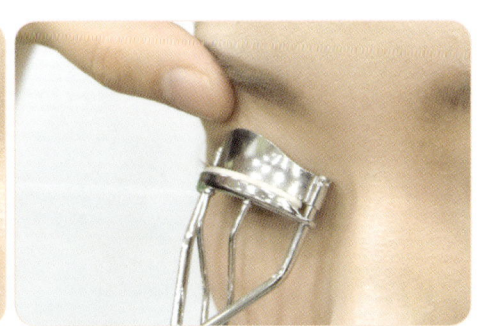

07 | 마스카라

| 감점요인 |
• 지나치게 투텁게 바르거나 다른 부위에 묻었을 경우

위아래 속눈썹을 한올 한올 뭉치지 않게 발라 자연스러운 C컬이 되도록 연출한다.

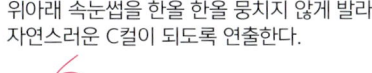

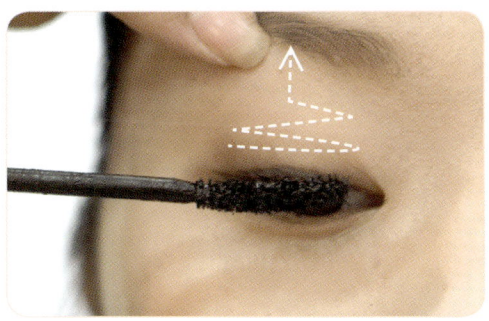 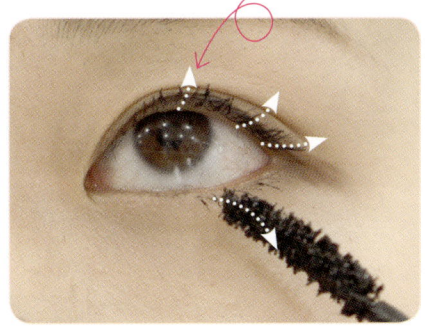 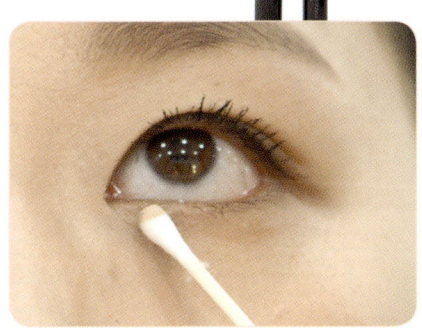

1 윗 속눈썹은 엄지로 눈두덩을 살짝 들어올려 눈 아래에서 위로 마스카라를 발라준다.

2 모델이 천장을 보게 한 후 언더 속눈썹에도 발라 마무리해 준다.

3 다른 부위에 마스카라가 묻으면 메이크업 리무버를 면봉에 살짝 묻혀 지워준다.

08 | 치크

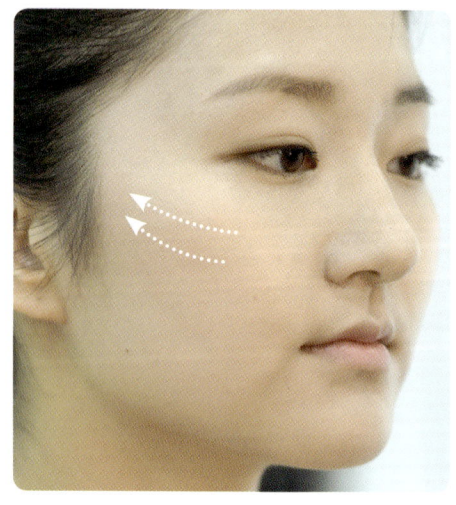

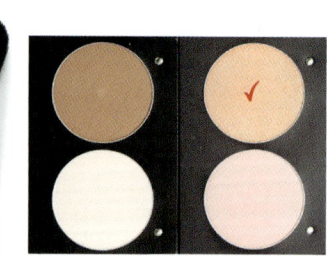

피치색 블러셔로 광대뼈 안쪽에서 바깥쪽으로 부드럽게
쓸어준 다음 자연스럽게 경계선을 없애준다.

09 | 립

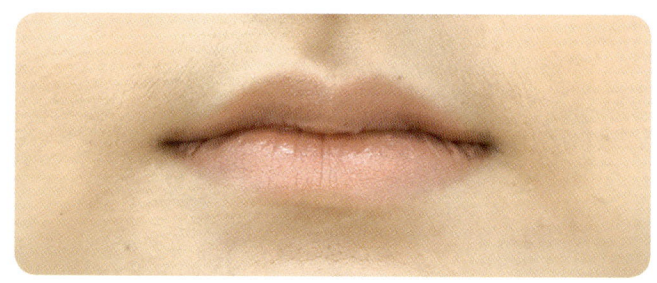

입술 안쪽에 베이지 핑크를 바르고 립라인 쪽
으로 그라데이션을 하여 입술 전체를 부드럽
게 메워 준다.

주의 | 발색이 진하지 않게 립 컬러를 표현한다.

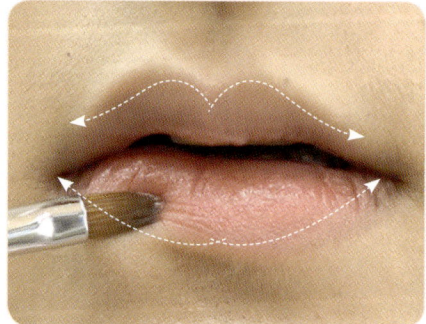
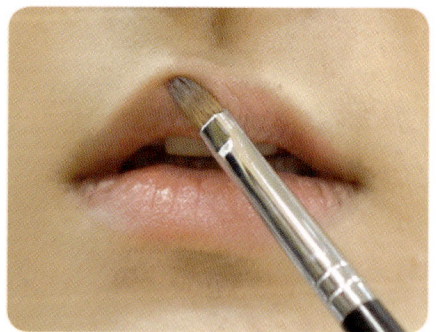

10 | 마무리

사용한 재료와 도구는 모두 제자리에 정리하고 작업대 위를 깔끔하게 정리한다.

before | after -front
after -side | after -left side

01

MAKE-UP

Makeup Artist Certification

Chapter
02

MAKEUP
by the TIMES
시대별 메이크업

1. 그레타(Greta Garbo style)
2. 마릴린(Marilyn Monroe style)
3. 트위기(Twiggy style)
4. 펑크(Punk style)

한 눈에 살펴보는

Course Preview

과제 02

시대별 메이크업

실기시험 당일 전체 4과제가 주어지며, 시대별 메이크업에서 1과제가 공개됩니다.
아래 표는 시대별 메이크업의 과제별 주요 과정을 비교 · 정리한 것이므로 충분히 숙지하시기 바랍니다.

	메이크업 베이스	파운데이션	컨실러	하이라이트 & 셰이딩	파우더	아이브로
그레타 가르보 40분	시간배분 ◄───	─── 8min	───	───	──►	◄─ 5min ─►
	【공통】 피부톤에 적합하게	눈썹커버 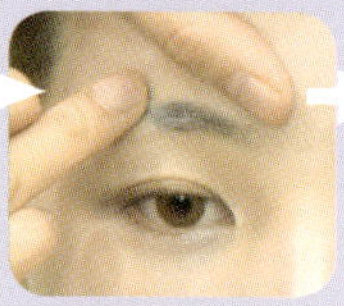	적용	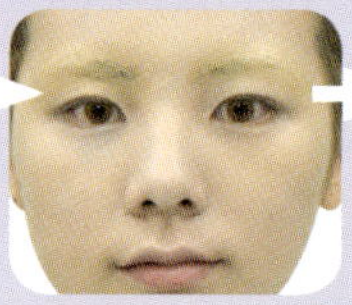	매트하게 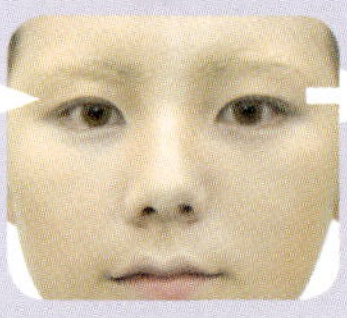	아치형 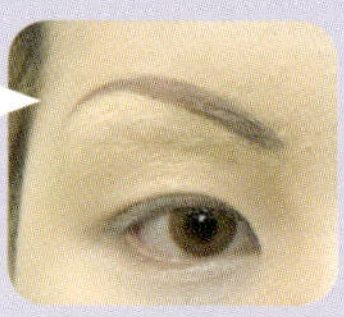
마릴린 먼로 40분	시간배분 ◄───	─── 8min	───	───	──►	◄─ 5min ─►
	【공통】 피부톤에 적합하게	밝은 핑크톤 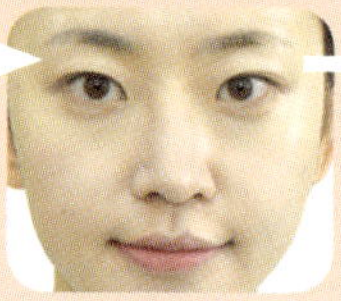		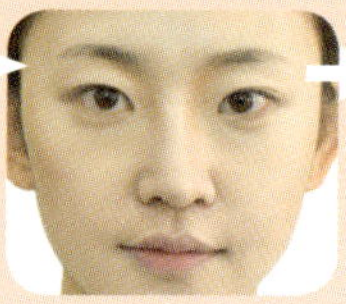	매트하게 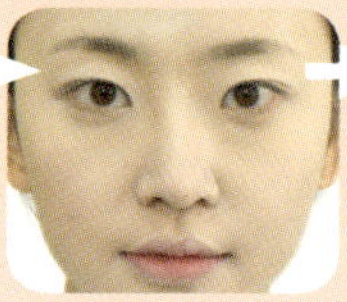	• 브라운 • 미간이 좁지 않은 각진 눈썹 
트위기 40분	시간배분 ◄───	─── 8min	───	───	──►	◄─ 5min ─►
	【공통】 피부톤에 적합하게	피부색과 비슷한 리퀴드 또는 크림파운데이션 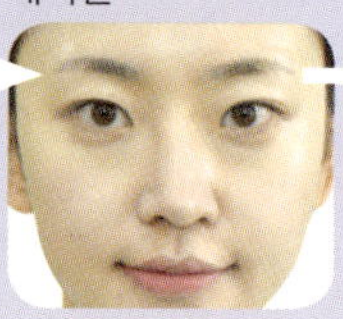			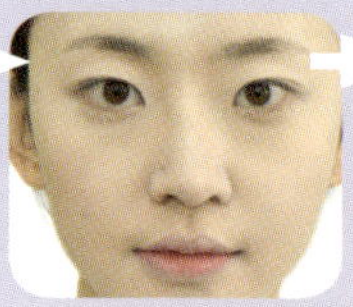	• 브라운 • 눈썹산 강조 
펑크 40분	시간배분 ◄───	─── 8min	───	───	──►	◄─ 5min ─►
	【공통】 피부톤에 적합하게	• 크림 파운데이션 • 창백하게 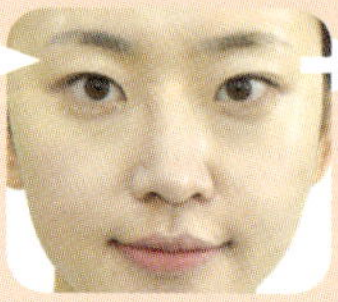	적용 가능		매트하게 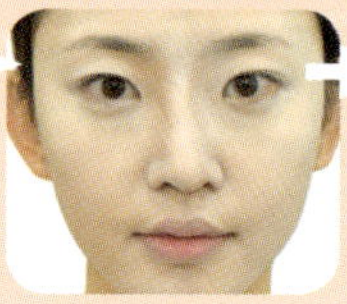	눈썹결 강조 짙고 강하게 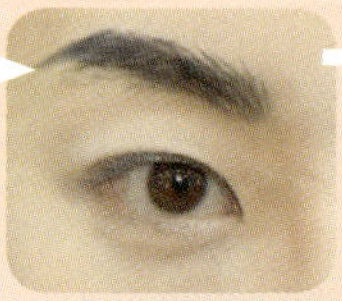

【과제별 색상표】

과제 \ 구분	아이브로	아이섀도	아이라인	치크	립
그레타 가르보					
마릴린 먼로					
트위기					
핑크					

※색상표는 참고만 하시기 바랍니다.

아이섀도	아이라인	속눈썹 컬링	인조 속눈썹	마스카라	치크	립
← 12min →		← 6min →			← 9min →	

갈색, 흰색

· 브라운으로 광대뼈 아래쪽
· 전체 핑크톤

· 레드브라운
· 인커브

| ← 12min → | | ← 6min → | | | ← 9min → | |

핑크, 베이지 화이트　　길게 뺀 형태　　길게 뒤로 뺄것

· 핑크톤, 광대뼈 아래
· 구각을 향해 사선으로

· 레드, 아웃커브
· 점

| ← 12min → | | ← 6min → | | | ← 9min → | |

흰색, 핑크, 퍼플 아쿠아블루
· 검정색
· 길게

상승형

· 핑크, 라이트브라운
· 애플존에 둥글게

· 베이지핑크

| ← 12min → | | ← 6min → | | | ← 9min → | |

화이트, 베이지, 그레이, 블랙
· 검정색
· 바깥쪽으로 3개

· 레드브라운
· 얼굴 앞쪽을 향해 사선으로

· 검붉은색
· 선명한 입술라인

전체 마무리

※시간배분은 개략적인 수치이며, 숙련도 및 개인마다 차이가 있으므로 참고만 하시기 바랍니다.

GRETA GARBO MAKE-UP

그레타 가르보 메이크업

Makeup Artist Certification 40 min 배점 30

개요

01 | 과제개요

베이스 메이크업	눈썹	눈	볼	입술	배점	작업시간
• 결점 커버 • 윤곽 수정	• 눈썹 커버 • 아치형	펄이 없는 갈색	브라운색 핑크색	레드 브라운색	30점	40분

02 | 심사기준

구분	사전심사	시술순서 및 숙련도						완성도
		소독	베이스 메이크업	눈썹	눈	볼	입술	
배점	3	3	3	3	6	3	3	6

03 | 심사 포인트

(1) 사전심사

【수험자 및 모델의 복장】
① 수험자와 모델이 규정에 맞는 복장을 하고 있는가?
② 수험자와 모델이 불필요한 액세서리 등을 착용하고 있지 않는가?

【테이블 세팅】
① 시술에 필요한 준비목록이 모두 구비되어 있는가?
② 과제에 불필요한 도구 및 재료가 세팅되어 있지 않는가?
③ 작업 테이블이 위생적으로 정리되어 있는가?
④ 위생이 필요한 도구를 적절하게 소독하였는가?

(2) 본심사

【시술 순서 및 숙련도】
① 시술 순서가 잘못되지 않았는가?
② 전체 과정을 얼마나 능숙하게 작업하였는가?

【베이스 메이크업】
① 모델의 피부톤에 적합한 메이크업 베이스를 선택하여 얇고 고르게 발랐는가?
② 모델의 피부톤에 맞춰 결점을 커버하여 깨끗하게 피부표현을 하였는가?
③ 셰이딩과 하이라이트로 윤곽 수정 후 파우더로 매트하게 마무리하였는가?

【아이브로】
① 눈썹은 파운데이션 등을 사용하여 완벽하게 커버하였는가?
② 아치형으로 그려 그레타 가르보의 개성이 돋보이게 표현하였는가?

【아이섀도】
눈두덩에 펄이 없는 갈색 계열의 컬러를 이용하여 아이홀을 그리고 그라데이션을 하였는가?

【아이라인】
속눈썹 사이를 메워 그리고 도면과 같이 눈매를 교정하였는가?

【속눈썹】
① 뷰러를 이용하여 자연 속눈썹을 제대로 컬링하였는가?
② 인조 속눈썹을 모델 눈에 맞춰 붙이고, 깊고 그윽한 눈매를 연출하였는가?

【볼】
브라운색으로 광대뼈 아래쪽을 강하게 표현하고 얼굴 전체를 핑크톤으로 가볍게 쓸어 표현하였는가?

【입술】
적당한 유분기를 가진 레드 브라운 컬러를 이용하여 인커브 형태로 발랐는가?

【완성도】
① 전체적인 완성도 체크
② 작업 종료 후 정리정돈을 잘 하였는가?

04 | 과제 요구사항

메이크업 베이스
- 모델 피부색과 유사한 메이크업 베이스를 선택하여 얇고 고르게 펴바름
- 모델 피부톤에 맞춰 결점을 커버하여 깨끗하게 피부를 표현
- 셰이딩과 하이라이트로 윤곽 수정 후 파우더로 매트하게 마무리

눈썹
더마왁스를 이용하여 완벽하게 커버하고, 아치형으로 그려 그레타 가르보의 개성이 돋보이게 표현

치크
브라운색으로 광대뼈 아래쪽을 강하게 표현하고, 얼굴 전체를 핑크톤으로 가볍게 쓸어 표현

립
적당한 유분기를 가진 레드브라운 컬러로 인커브 형태로 바름

아이섀도
- 눈두덩이에 펄이 없는 갈색 계열의 컬러를 이용하여 아이홀을 그린 후 그라데이션

아이라인
속눈썹 사이를 메꾸고 그림과 같이 눈매를 교정

아이컬링 및 인조 속눈썹
- 뷰러로 자연 속눈썹을 컬링
- 인조 속눈썹은 모델의 눈에 맞춰 붙이고, 깊고 그윽한 눈매를 연출

05 | 작업대 세팅

| 작업대 세팅 시 주의사항 |
- 시험 전 메이크업 도구관리 체크리스트에 따라 사전점검 작업을 실시한다.
- 시험 도중에는 도구나 재료를 꺼낼 수 없으므로 모든 재료가 세팅되었는지 다시 한번 체크한다.

준비물 꼭 챙기세요!

01. 아이섀도 팔레트
02. 립 팔레트
03. 더블 콤팩트
04. 치크(핑크, 오렌지)
05. 팔레트
06. 소프트 파운데이션
　　(화이트, 살색, 브라운)
07. 페이스 파우더(핑크)
08. 페이스 파우더(베이지)

09. 젤 아이라인
10. 금색펄 피그먼트
11. 스프리트검
12. 실러
13. 리무버
14. 더마왁스
15. 인조속눈썹
16. 속눈썹 풀
17. 컨실러

18. 파운데이션(샤이닝 베이지)
19. 파운데이션(다크 베이지)
20. 메이크업 베이스(핑크)
21. 리퀴드 파운데이션(내추럴 베이지)
22. 메이크업 베이스(그린)
23. 메이크업용 브러시세트, 뷰러
24. 분첩, NRG사각퍼프

25. 아이브로 펜슬(화이트, 블랙, 브라운)
　　립펜슬(레드, 브라운)
　　마스카라
　　아이라인
26. 미용솜
27. 스파츌라, 눈썹가위, 족집게
28. 소독제
29. 면봉

본심사

01 | 소독 및 위생

1 수험자의 손 소독하기

화장솜(탈지면)에 소독제(안티셉틱)를 2~3회 뿌려 양손을 번갈아가며 양 손등, 손바닥, 손가락 사이를 꼼꼼히 닦아낸 후 위생봉투에 버린다.

2 도구 소독하기

스파출라, 속눈썹 가위, 족집게, 눈썹칼, 플레이트판 등의 도구를 소독제로 소독한다.

02 | 베이스 메이크업

1 메이크업 베이스

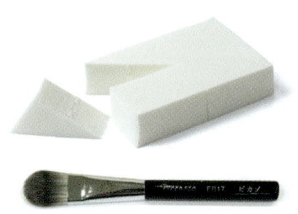 

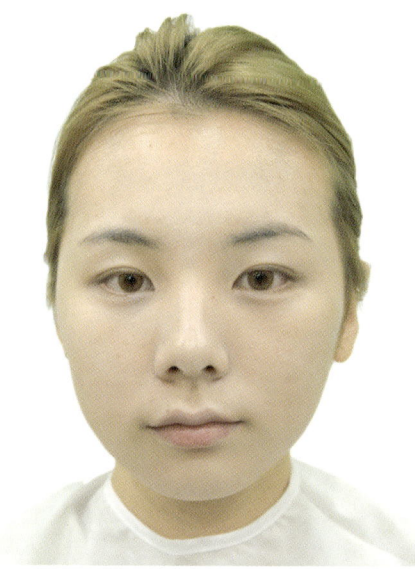

1 모델의 피부톤에 적합한 메이크업 베이스를 플레이트판에 적당량을 덜어낸다.

2 얼굴 전체에 메이크업 베이스 적당량을 콕콕 찍듯 얹어준 후 메이컵 베이스 브러시나 라텍스 스펀지를 이용하여 얇고 고르게 펴 바른다.

눈썹 가르는 과정에서 왁스가 잘 붙기 위해 베이스를 바르지 말 것

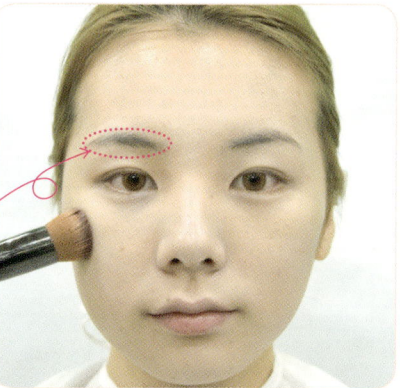 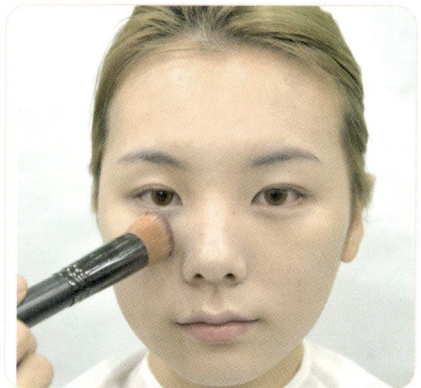

2 눈썹 커버

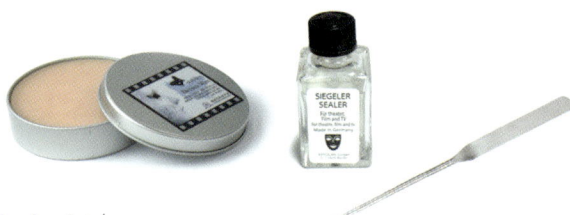
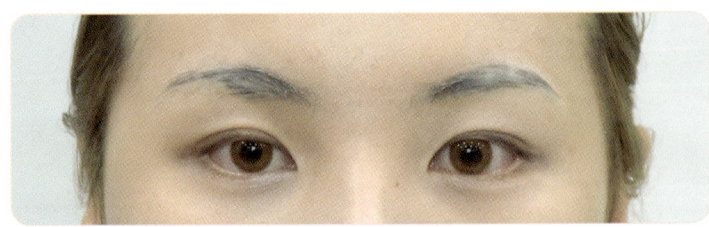

| Checkpoint |

• 눈썹이 지나치게 두꺼울 경우 실러로 눈썹을 얇게 교정한 후 왁스를 발라준다.
• 눈썹은 파운데이션, 메이크업 컨실러, 눈썹왁스와 실러 등 선택하여 사용하여 도면과 같이 연출한다.

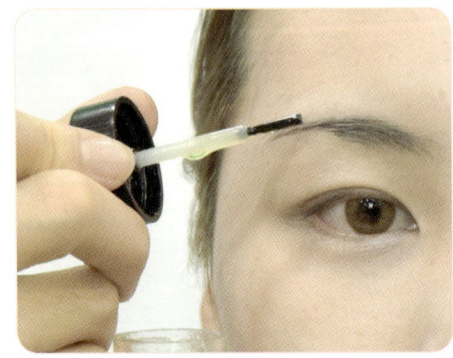

1 실러를 눈썹결 방향대로 바른 후 눈썹을 피부에 고정시켜준다.

2 소독한 스파츌라를 사용해 눈썹커버를 하기에 적당한 양의 왁스를 덜어낸다.

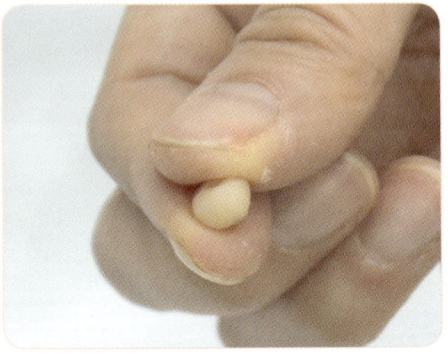

3 딱딱한 왁스를 소독한 손을 사용하여 주물러 준다. (손의 열감과 마찰로인해 왁스가 유연해진다)

팁 | 모델 눈썹이 가지런하지 않거나 지나치게 삐져나온 눈썹털은 시술 전에 미리 다듬어 준다.

왁스가 너무 얇으면 눈썹이 잘 안붙고, 너무 두터우면 자연스럽게 연출되지 않으므로 양 조절에 신경을 쓴다.

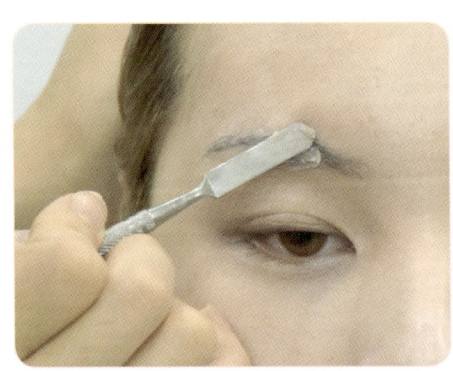

4 스파츌라를 이용하여 눈썹결 방향으로 지그시 누르며 펴바른다.

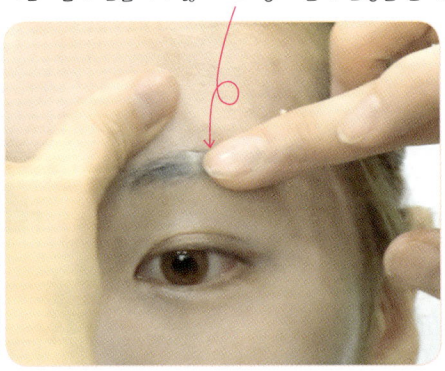

5 눈썹 사이를 채우듯 꼼꼼하게 메워준다. 눈썹 부위가 지나치게 도드라지지 않도록 손가락으로 왁스를 깔끔하게 펴바른다.

6 왁스를 바른 뒤 표면을 보호하기 위해 실링을 얇게 발라준다.

팁 | 자연 눈썹이 진할 경우 완벽하게 가리는 것이 어렵다면 어느 정도까지 커버하고 시간을 절약하는 것이 좋다. 때에 따라 아이브로를 그린 후에도 눈썹털이 완전히 가려지지 않았다면 컨실러로 톡톡 두드리듯 발라준다.

③ 파운데이션

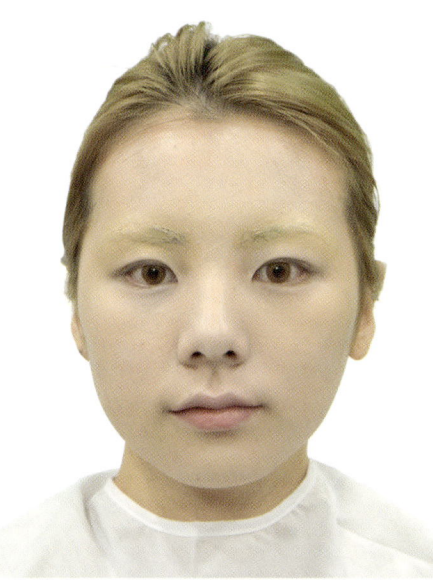

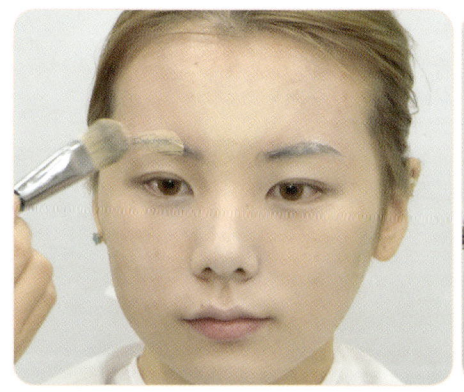

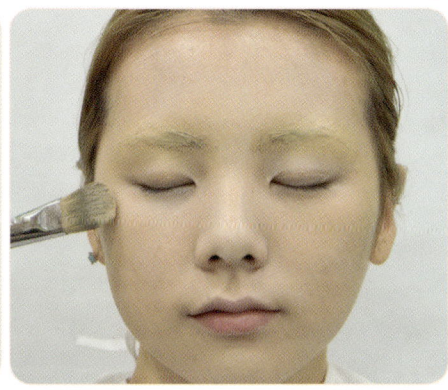

1 모델의 피부톤에 맞는 파운데이션을 팔레트나 손등에 덜어내어 파운데이션 브러시, 라텍스 스펀지 등을 이용하여 눈썹을 커버한다.

2 볼, 이마, 코, 턱 등에도 파운데이션을 고르게 펴 바른 후 결점을 커버하여 깨끗하게 피부 표현을 한다.

하이라이트 및 셰이딩

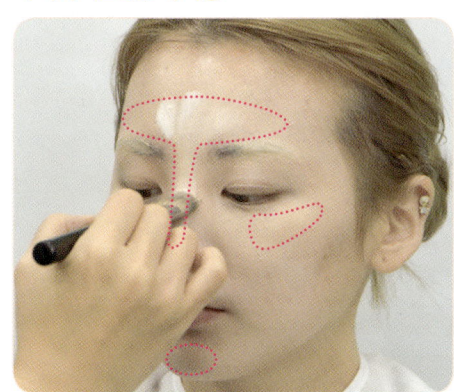

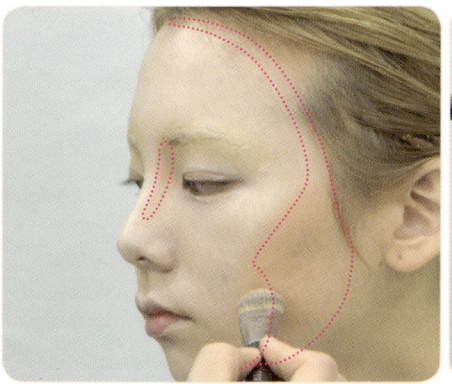

1 T존 부위와 Y존 부위에 하이라이트를 주어 콧대와 얼굴의 윤곽을 살려준다.

2 코벽, 턱선, 볼뼈, 헤어라인에 셰이딩을 주어 윤곽 수정을 자연스럽게 표현한다.

 하이라이트 색상

 셰이딩 색상

4 파우더

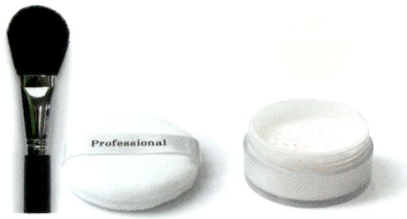

눈썹쪽은 좀더 꼼꼼히 발라줘야 밀리지 않는다.

1 파우더를 피부에 잘 밀착되도록 솜털 사이사이에 파우더가 스며들어 보송보송한 느낌이 나게 꼼꼼히 매트하게 바른다.

2 파우더를 바른 후 부족해 보이면 셰이딩과 하이라이트로 윤곽을 수정하고 파우더를 매트하게 마무리한다.

03 | 아이브로

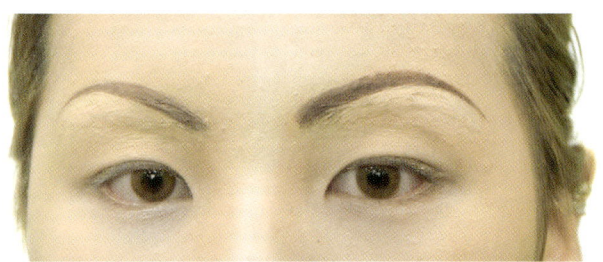

| Checkpoint | 눈썹 앞머리부터 자리를잡고 눈썹 선을 따라 각지게 표현되지 않도록 완만한 아치형으로 그려준다.

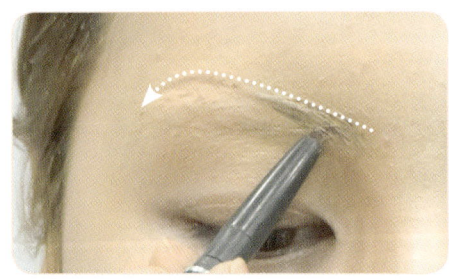

1 눈썹을 그리기 전에 그레타 가르보의 눈썹 특징에 맞게 펜슬로 가이드 라인을 먼저 그려준다.

2 브라운 계열의 아이섀도를 사용하여 끝이 점점 가늘어지는 아치형의 눈썹을 표현한다.

04 | 아이섀도

펄이 없는 갈색 계열의 아이섀도를 사용한다.

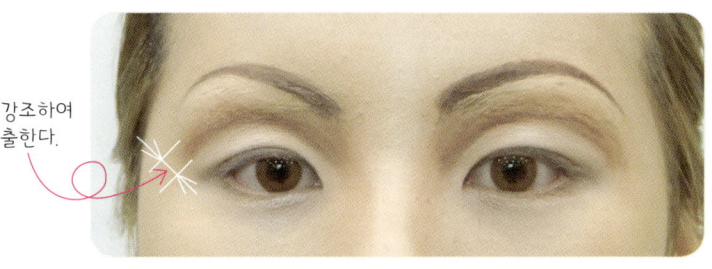

아이홀의 음영을 강조하여
깊고 그윽하게 연출한다.

| Checkpoint | 아이섀도 연출 시 아이홀 라인의 경계가
생기지 않게 색이 조화롭게 그라데이션을 해준다.

아이홀이 자연스럽게 표현되도록
앞뒤로 그라데이션을 준다.

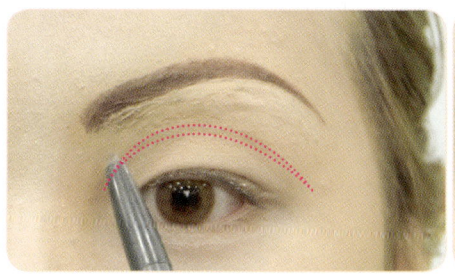

1 눈을 뜬 상태에서 아이홀의 위치를
잡아준다.

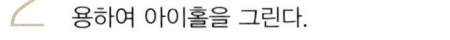

2 펄이 없는 갈색 계열의 아이섀도를 사
용하여 아이홀을 그린다.

주의 | 아이홀을 그릴 때 너무 두껍지 않도록 한다.

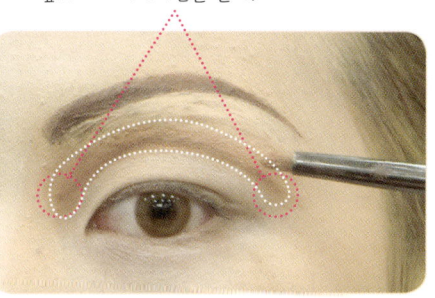

3 아이홀 위부분은 갈색 계열 섀도로 위
쪽으로 그라데이션으로 표현하여 아이
홀에 깊이감을 준다.

4 아이홀 라인이 약하면 아이홀 부위
를 다시 한번 강조해준다.

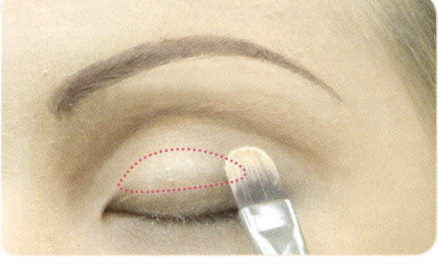

5 눈두덩과 눈썹뼈 부위에 흰색 섀도로
하이라이트를 준다.

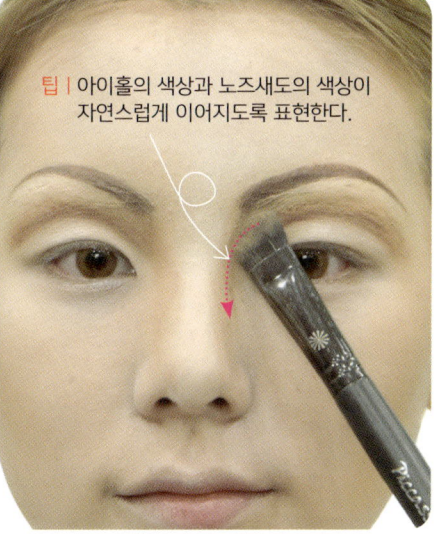

팁 | 아이홀의 색상과 노즈섀도의 색상이
자연스럽게 이어지도록 표현한다.

6 갈색 계열의 아이섀도를 사용하여 도면
과 같이 노즈섀도를 표현한다.

05 | 아이라인

젤 타입의
블랙 아이라이너

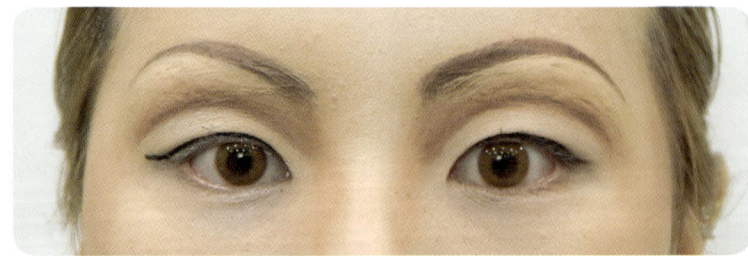

1 엄지로 눈두덩을 살짝 들어올린 후
속눈썹 사이를 메워 아이라인을 그
려준다.

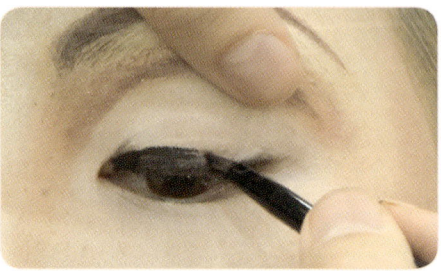

2 모델의 시선을 아래로 향하게 한 후 점
막과 아이라인 가이드라인이 이어지도
록 아이라인을 그려준다.

3 아이라인 꼬리가 눈꼬리와 자연스럽게
연결되도록 한다.

06 | 자연 속눈썹 컬링 및 인조 속눈썹 붙이기

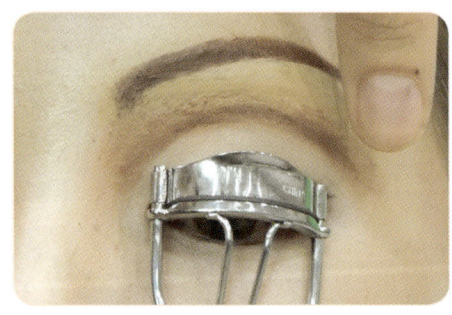

1 뷰러를 이용하여 자연 속눈썹을 컬링
한다.

2 인조 속눈썹은 모델 눈에 맞춰 붙여주고 마스카라를 이용하여 깊고 그윽한 눈매를 표
현한다.

| Checkpoint | 그레타가르보의 인조 속눈썹은 눈매가 깊고
그윽하게 보일 수 있는 길고 풍성한 제품으로 사용한다.

07 │ 치크

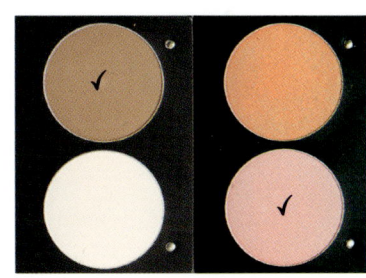

1 먼저 브라운색으로 광대뼈 아래쪽을 강하게 쓸어내려 입체감을 준다.

2 얼굴 전체를 핑크톤으로 가볍게 쓸어 표현한다.

08 │ 립

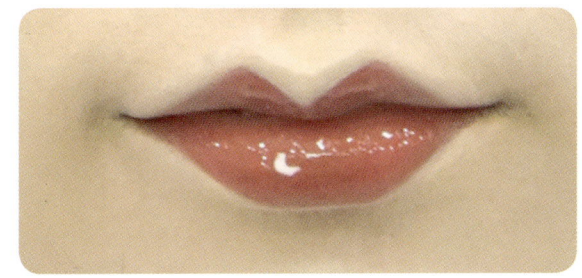

적당한 유분기를 가진 레드브라운 립컬러를 이용하여 인커브 형태로 바른다.

| Checkpoint | 그레타 가르보의 입술이 얇고 길므로, 인커브 라인을 먼저 그려주고 립 안쪽을 채워준다. 특히 아랫입술보다 윗입술을 얇게 표현해야 한다.

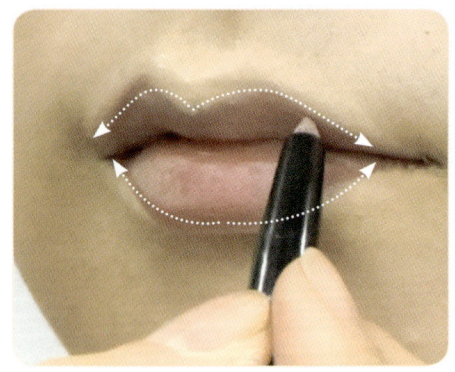 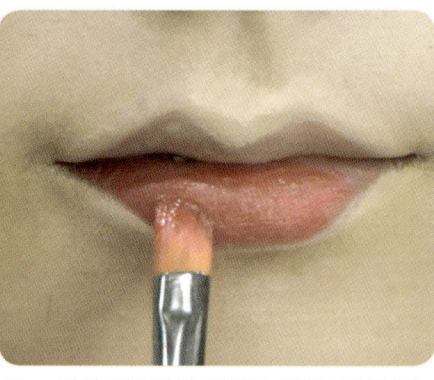 

1 레드브라운 펜슬이나 컬러를 묻힌 브러시로 입술 중심을 기점으로 윗입술 라인의 1~2mm 안쪽으로 인커브가 되게 그린다.

2 아래 입술라인 외각도 약간 인커브가 되게 1~2mm 안쪽으로 그려준다. 레드브라운 립컬러로 입술의 경계선을 그라데이션하여 전체적으로 채워준다.

3 전체적으로 레드브라운 컬러가 칠해진 립 위에 립글로즈로 유분기 있게 마무리한다.

09 │ 마무리

사용한 재료와 도구는 모두 제자리에 정리하고 작업대 위를 깔끔하게 정리한다.

before | after -front

after -side | after -left side

MARILYN MONROE
MAKE-UP

마릴린 먼로 메이크업

Makeup Artist Certification

40 min

배점 30

개요

01 | 과제개요

베이스 메이크업	눈썹	눈	볼	입술	배점	작업시간
• 밝은 핑크 톤의 파운데이션 • 윤곽 수정	양 미간이 좁지 않은 각진 눈썹	핑크색 베이지색	핑크색	레드색의 아웃커브	30점	40분

02 | 심사기준

구분	사전심사	시술순서 및 숙련도						완성도
		소독	베이스 메이크업	눈썹	눈	볼	입술	
배점	3	3	3	3	6	3	3	6

03 | 심사 포인트

(1) 사전심사

【수험사 및 모델의 복장】
① 수험자와 모델이 규정에 맞는 복장을 하고 있는가?
② 수험자와 모델이 불필요한 액세서리 등을 착용하고 있지 않는가?

【테이블 세팅】
① 시술에 필요한 준비목록이 모두 구비되어 있는가?
② 과제에 불필요한 도구 및 재료가 세팅되어 있지 않는가?
③ 작업 테이블이 위생적으로 정리되어 있는가?
④ 위생이 필요한 도구를 적절하게 소독하였는가?

(2) 본심사

【시술 순서 및 숙련도】
① 시술 순서가 잘못되지 않았는가?
② 전체 과정을 얼마나 능숙하게 작업하였는가?

【베이스 메이크업】
① 모델의 피부톤에 적합한 메이크업 베이스를 선택하여 얇고 고르게 발랐는가?
② 모델의 피부톤보다 밝은 핑크 톤의 파운데이션으로 표현하였는가?
③ 셰이딩과 하이라이트로 윤곽 수정 후 파우더로 매트하게 마무리하였는가?

【아이브로】
눈썹은 양 미간이 좁지 않게 각진 눈썹으로 표현하였는가?

【아이섀도】
① 눈두덩을 중심으로 핑크와 베이지 계열의 컬러를 이용하여 아이홀을 표현히고 그라데이션을 하였는가?
② 아이홀 안쪽 눈꺼풀에 화이트 색상으로 입체감을 주고 언더에는 베이지 계열의 섀도를 발랐는가?

【아이라인】
속눈썹 사이를 메워 그리고 아이라인을 길게 뺀 형태의 눈매를 표현하였는가?

【속눈썹】
① 뷰러를 이용하여 자연 속눈썹을 제대로 컬링하였는가?
② 인조 속눈썹을 모델의 눈보다 길게 뒤로 빼서 붙여주고 깊고 그윽한 눈매를 표현하였는가?

【볼】
핑크톤으로 광대뼈보다 아래쪽에서 구각을 향해 사선으로 발랐는가?

【입술】
적당한 유분기를 가진 레드 컬러를 이용하여 아웃커브 형태로 발랐는가?

【기타】
마릴린 먼로의 개성이 돋보이는 점을 그려 넣었는가?

【완성도】
① 전체적인 완성도 체크
② 마릴린 먼로의 특징을 잘 살렸는가?
③ 작업 종료 후 정리정돈을 잘 하였는가?

04 | 과제 요구사항

메이크업 베이스
- 모델 피부톤에 적합한 메이크업 베이스를 선택하여 얇고 고르게 펴바름
- 모델 피부톤보다 밝은 핑크톤의 파운데이션으로 표현
- 셰이딩과 하이라이트로 윤곽 수정 후 파우더로 매트하게 마무리

눈썹
양 미간이 좁지 않고, 각진 눈썹으로 표현

치크
핑크톤으로 광대뼈보다 아래쪽으로 구각을 향해 사선으로 도포

립
적당한 유분기를 가진 레드컬러로 아웃커브 형태로 바름

아이섀도
- 눈두덩이를 중심으로 핑크와 베이지 계열의 컬러를 이용하여 아이홀을 표현하고 그라데이션
- 아이홀 안쪽 눈꺼풀에 화이트 색상으로 입체감을 주고 언더에는 베이지 계열을 섀도를 바름

아이라인
속눈썹 사이를 메꾸고 그림과 같이 눈매를 교정

아이컬링 및 인조 속눈썹
- 뷰러로 자연 속눈썹을 컬링
- 인조 속눈썹은 모델의 눈보다 길게 뒤로 빼서 붙여주고, 깊고 그윽한 눈매 표현

05 | 작업대 세팅

| 작업대 세팅 시 주의사항 |
- 시험 전 메이크업 도구관리 체크리스트에 따라 사전점검 작업을 실시한다.
- 시험 도중에는 도구나 재료를 꺼낼 수 없으므로 모든 재료가 세팅되었는지 다시 한번 체크한다.

준비물 꼭 챙기세요!

01. 아이섀도 팔레트
02. 립 팔레트
03. 더블 콤팩트
04. 치크(핑크, 오렌지)
05. 팔레트
06. 소프트 파운데이션 (화이트, 살색, 브라운)
07. 페이스 파우더(핑크)
08. 페이스 파우더(베이지)

09. 젤 아이라인
10. 금색펄 피그먼트
11. 스프리트검
12. 실러
13. 리무버
14. 더마왁스
15. 인조속눈썹
16. 속눈썹 풀
17. 컨실러

18. 파운데이션(샤이닝 베이지)
19. 파운데이션(다크 베이지)
20. 메이크업 베이스(핑크)
21. 리퀴드 파운데이션(내추럴 베이지)
22. 메이크업 베이스(그린)
23. 메이크업용 브러시세트, 뷰러
24. 분첩, NRG사각퍼프

25. 아이브로 펜슬(화이트, 블랙, 브라운)
립펜슬(레드, 브라운)
마스카라
아이라인
26. 미용솜
27. 스파출라, 눈썹가위, 족집게
28. 소독제
29. 면봉

본심사

01 │ 소독 및 위생

1 수험자의 손 소독하기

화장솜(탈지면)에 소독제(안티셉틱)를 2~3회 뿌려 양손을 번갈아가며 양손등, 손바닥, 손가락 사이를 꼼꼼히 닦아낸 후 위생봉투에 버린다.

2 도구 소독하기

스파출라, 속눈썹 가위, 족집게, 눈썹칼, 플레이트판 등의 도구를 소독제로 소독한다.

02 │ 베이스 메이크업

1 메이크업 베이스

│ **Checkpoint** │ 베이스 메이크업은 모델의 피부색과 비슷한 리퀴드 또는 크림 파운데이션을 사용한다.

1 모델의 피부톤에 적합한 메이크업 베이스를 팔레트나 손등에 적당량을 덜어 낸다.

2 피부의 결을 따라 얇고 고르게 펴 바른다.

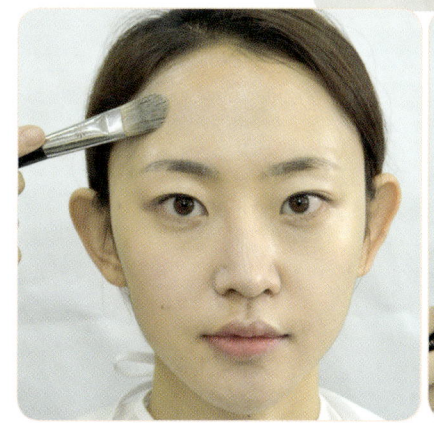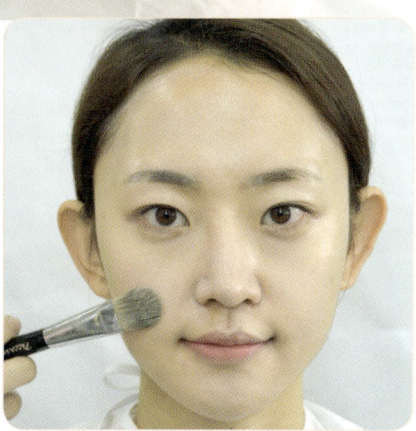

2 파운데이션

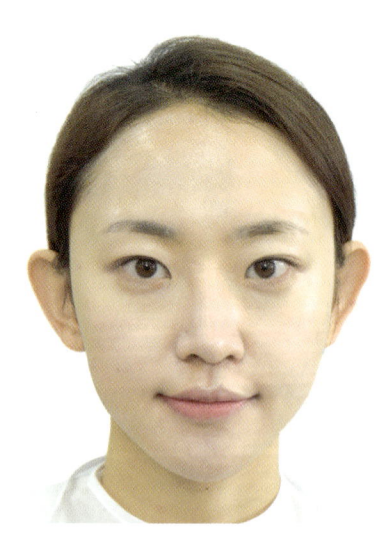

1   모델의 피부톤보다 밝은 핑크톤의 파운데이션을 팔레트에 덜어 낸다.

2   얼굴의 넓은 부위인 볼의 안쪽부터 시작해 이마, 코, 턱 순으로 두껍지 않고 자연스럽
      고 고르게 펴 바른다. 베이스와 마찬가지로 피부의 결을 따라 안쪽에서 바깥쪽으로 얇
      게 펴 바른다.

3   브러시의 남은 파운데이션으로 얼굴 외곽을 정리한다.

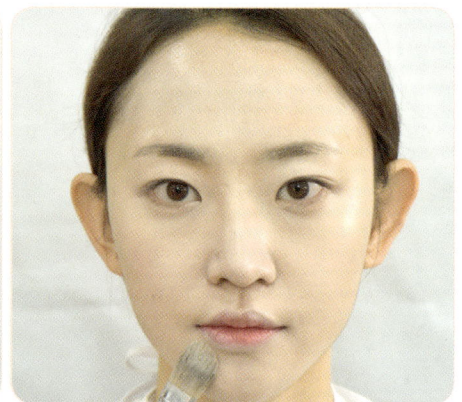

모델의 눈을 뜨게 한 후 눈밑 부분도 두드려 바른다.

입술 주변은 입술 주변의 얼굴 근육의 결을 따라 둥글
리듯 바른다.

하이라이트 및 셰이딩

4   T존 부위와 Y존 부위에 하이라이트를 주어 콧대와 얼굴의 윤곽을 살려준다.

5   코벽, 턱선, 볼뼈, 헤어라인에 셰이딩을 주어 윤곽 수정을 자연스럽게 표현한다.

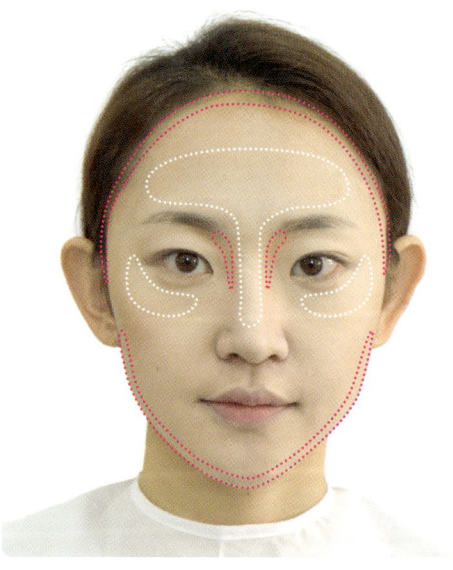

3 파우더

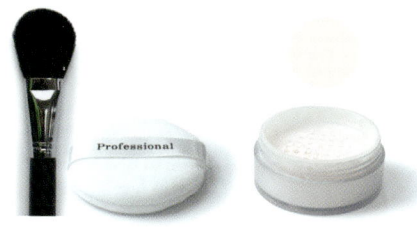

파우더를 피부에 잘 밀착되도록 솜털 사이사이에 파우더가 스며들어 보송보송한 느낌이
나게 꼼꼼히 매트하게 바른다.

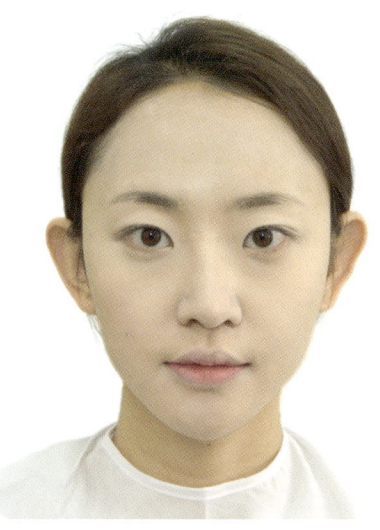

팁 | 투명 파우더를 파우더 브러시에 묻혀 파우더 가
루가 묻은 브러시를 공중에 한번 살짝 털어준 후
자연스러운 느낌이 나게 바른다.

03 | 아이브로

1 브라운 컬러로 눈썹의 양 미간이 좁지 않게 각진 눈썹으로 표현한다.

팁 | 모델의 눈썹 양 미간이 좁은 경우 미간 눈썹 앞머리가 좁아 보이지
않게 눈썹 맨 앞머리 1~2mm에 파운데이션으로 살짝 발라 파우더
로 마무리한다.

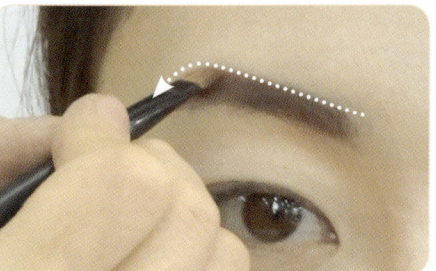

2 스크루 브러시로 한 번 더 눈썹 결대로
빗어주어 톤을 부드럽고 일정하게 조절
한다.

04 | 아이섀도

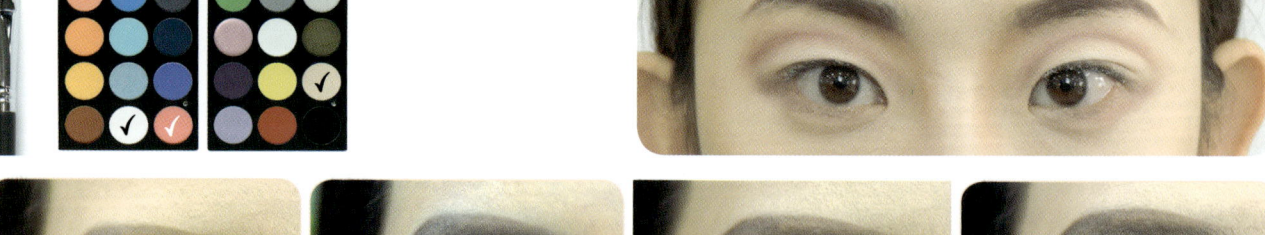

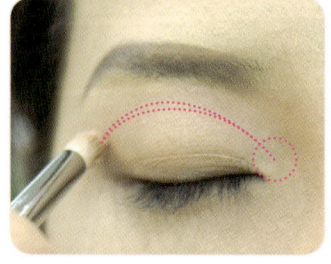
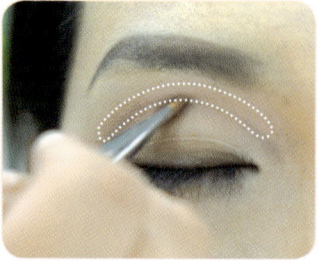

1 모델의 눈두덩을 중심으로 핑크와 베이지 계열의 컬러를 이용하여 아이홀 앞쪽은 열리게 표현하고 그라데이션을 한다.

2 화이트 컬러로 아이홀 안쪽 눈꺼풀에 입체감을 표현한다.

3 베이지 계열의 섀도를 언더에 발라준다.

05 | 아이라인

젤 타입의
블랙 아이라이너

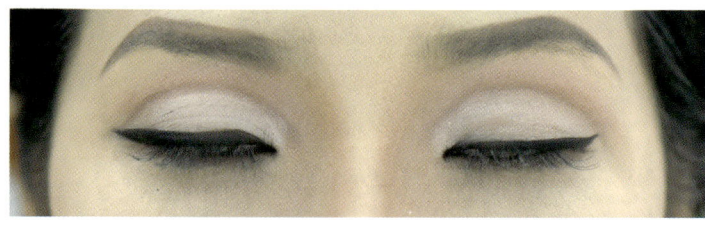

1 아이라인을 속눈썹 사이를 메워 그리고 눈 끝에서 언더라인 동선의 연장선을 그리듯 1cm 정도 길게 살짝 올려 빼면 섹시하고 눈이 커보이게 하는 효과가 있다.

2 언더라인을 가늘게 눈꼬리 뒤에서 앞으로 모근에만 1/3 지점에 그려준다.

06 | 자연 속눈썹 컬링 및 인조 속눈썹 붙이기

1 뷰러를 이용하여 자연 속눈썹을 컬링한다.

2 인조 속눈썹 부착 시 자연 속눈썹보다 5mm 정도 뒤로 더 빼서 인조 속눈썹을 붙여준다.

3 가로로 깊고 그윽한 눈매를 표현한다.

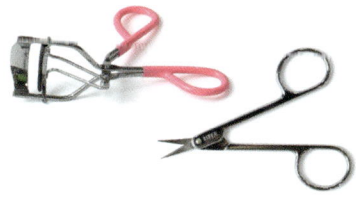

07 | 치크

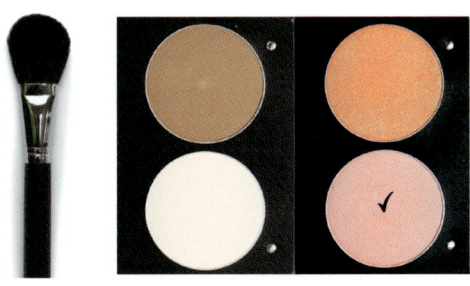

핑크톤으로 광대뼈보다 아래쪽에서 구각을 향해 사선으로 발라준다.

08 | 립

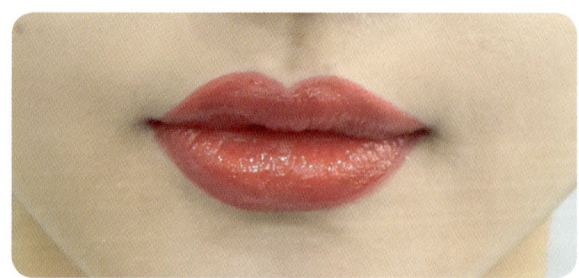

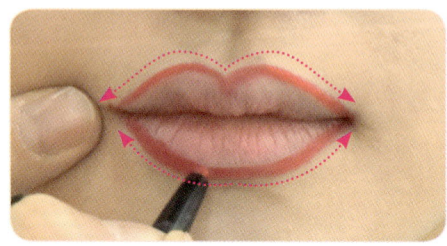

1 립 펜슬로 입을 벌렸을 때 입술의 양모서리가 연결된 형태로 아웃커버 형태의 입술 모양을 그려주는데, 입술을 살짝 벌려 구각부분까지 부드럽게 연결해서 그려 준다.

2 적당한 유분기를 가진 레드 컬러를 립 브러시를 사용해 발라준다.

09 | 점 그리기

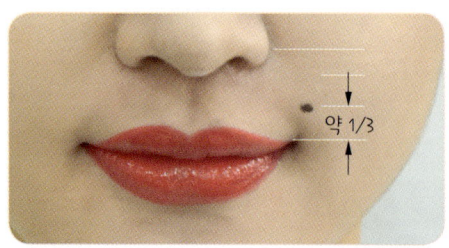

1 블랙 펜슬로 왼쪽 얼굴 팔자주름 방향 코에서 입술 위 1/3 지점 위쪽에 점을 그려준다.

2 번짐이 없는 리퀴드 아이라이너 혹은 아이라이너 붓으로 블랙으로 표시한 점 위에 덧발라 준다.

10 | 마무리

사용한 재료와 도구는 모두 제자리에 정리하고 작업대 위를 깔끔하게 정리한다.

before | after -front
after -side | after -left side

트 위 기 메 이 크 업

TWIGGY MAKE-UP

Makeup Artist Certification

40 min

배점 30

개요

01 | 과제개요

베이스 메이크업	눈썹	눈	볼	입술	배점	작업시간
• 리퀴드 또는 크림 파운데이션	• 브라운색 • 눈썹산 강조	화이트 베이스, 핑크, 네이비, 그레이, 어두운 청색 등	• 핑크색 • 라이트 브라운색	베이지 핑크색	30점	40분

02 | 심사기준

구분	사전심사	시술순서 및 숙련도						완성도
		소독	베이스 메이크업	눈썹	눈	볼	입술	
배점	3	3	3	3	6	3	3	6

03 | 심사 포인트

(1) 사전심사

【수험자 및 모델의 복장】
① 수험자와 모델이 규정에 맞는 복장을 하고 있는가?
② 수험자와 모델이 불필요한 액세서리 등을 착용하고 있지 않는가?

【테이블 세팅】
① 시술에 필요한 준비목록이 모두 구비되어 있는가?
② 과제에 불필요한 도구 및 재료가 세팅되어 있지 않는가?
③ 작업 테이블이 위생적으로 정리되어 있는가?
④ 위생이 필요한 도구를 적절하게 소독하였는가?

(2) 본심사

【시술 순서 및 숙련도】
① 시술 순서가 잘못되지 않았는가?
② 전체 과정을 얼마나 능숙하게 작업하였는가?

【베이스 메이크업】
① 모델의 피부톤에 적합한 메이크업 베이스를 선택하여 얇고 고르게 발랐는가?
② 모델의 피부색과 비슷한 리퀴드 또는 크림 파운데이션을 사용하였는가?
③ 파운데이션은 두껍지 않게 골고루 펴 바르고 파우더를 사용하여 마무리하였는가?

【아이브로】
눈썹은 자연스러운 브라운 컬러로 도면과 같이 눈썹산을 강조하여 그렸는가?

【아이섀도】
① 화이트 베이스 컬러와 핑크, 네이비, 그레이, 어두운 청색 등을 사용하여 인위적인 쌍꺼풀 라인을 표현하였는가?
② 쌍꺼풀 라인과 아이라인의 선이 선명하도록 강조하여 그라데이션을 하고 화이트로 쌍꺼풀 안쪽 및 눈썹 아래 부위를 하이라이트하였는가?

【아이라인】
아이라인을 선명하게 그리고 도면과 같이 눈매를 교정하였는가?

【속눈썹】
① 뷰러를 이용하여 자연 속눈썹을 제대로 컬링한 후 마스카라를 바르고 인조 속눈썹을 붙였는가?
② 과장된 속눈썹 표현을 위해 언더 속눈썹에 마스카라를 한 후 아이라이너를 사용하여 언더 속눈썹을 그리거나 인조 속눈썹을 붙였는가?

【볼】
핑크 및 라이트 브라운색으로 애플 존 위치에 둥근 느낌으로 발랐는가?

【입술】
베이지 핑크색의 립컬러를 자연스럽게 발랐는가?

【완성도】
① 전체적인 완성도 체크
② 트위기 메이크업의 특징을 살렸는가?
③ 작업 종료 후 정리정돈을 잘 하였는가?

04 │ 과제 요구사항

메이크업 베이스
- 모델 피부톤에 적합한 메이크업 베이스를 선택하여 얇고 고르게 펴바름
- 모델 피부톤과 유사한 리퀴드 또는 크림 파운데이션으로 표현
- 파운데이션은 두껍지 않게 골고루 펴바르고 파우더로 마무리

눈썹
자연스러운 브라운 컬러로 눈썹산을 강조

치크
핑크 및 라이트 브라운 컬러로 애플 존 위치에 둥근 느낌으로 바름 구각을 향해 사선으로 도포

립
베이지 핑크색으로 자연스럽게 바름

아이섀도
- 화이트와 핑크, 네이비, 그레이, 어두운 청색 등으로 인위적인 쌍꺼풀 라인 표현
- 쌍꺼풀 라인과 아이라인의 선이 선명하도록 강조하여 그라데이션하고 화이트로 쌍꺼풀 안쪽 및 눈썹 아래 부위를 하이라이트

아이컬링 및 인조 속눈썹
- 뷰러로 자연 속눈썹을 컬링하고 마스카라를 바르고 인조 속눈썹 부착
- 과장된 속눈썹 표현을 위해 언더 속눈썹에 마스카라를 한 후 아이라이너를 사용하여 그리거나 인조 속눈썹을 붙여 표현

아이라인
선명하게 그리고 도면과 같이 눈매를 교정

05 │ 작업대 세팅

│ 작업대 세팅 시 주의사항 │
- 시험 전 메이크업 도구관리 체크리스트에 따라 사전점검 작업을 실시한다.
- 시험 도중에는 도구나 재료를 꺼낼 수 없으므로 모든 재료가 세팅되었는지 다시 한번 체크한다.

준비물 꼭 챙기세요!

01. 아이섀도 팔레트
02. 립 팔레트
03. 더블 콤팩트
04. 치크(핑크, 오렌지)
05. 팔레트
06. 소프트 파운데이션 (화이트, 살색, 브라운)
07. 페이스 파우더(핑크)
08. 페이스 파우더(베이지)

09. 젤 아이라인
10. 금색펄 피그먼트
11. 스프리트검
12. 실러
13. 리무버
14. 더마왁스
15. 인조속눈썹
16. 속눈썹 풀
17. 컨실러

18. 파운데이션(샤이닝 베이지)
19. 파운데이션(다크 베이지)
20. 메이크업 베이스(핑크)
21. 리퀴드 파운데이션(내추럴 베이지)
22. 메이크업 베이스(그린)
23. 메이크업용 브러시세트, 뷰러
24. 분첩, NRG사각퍼프

25. 아이브로 펜슬(화이트, 블랙, 브라운)
    립펜슬(레드, 브라운)
    마스카라
    아이라인
26. 미용솜
27. 스파출라, 눈썹가위, 족집게
28. 소독제
29. 면봉

본심사

01 | 소독 및 위생

☐ 수험자의 손 소독하기

화장솜(탈지면)에 소독제(안티셉틱)를 2~3회 뿌려 양손을 번갈아가며 양손등, 손바닥, 손가락 사이를 꼼꼼히 닦아낸 후 위생봉투에 버린다.

☐ 도구 소독하기

스파츌라, 속눈썹 가위, 족집게, 눈썹칼, 플레이트판 등의 도구를 소독제로 소독한다.

02 | 베이스 메이크업

☐ 메이크업 베이스

| Checkpoint | 베이스 메이크업은 모델의 피부색에 맞는 리퀴드 또는 크림 파운데이션을 사용한다.

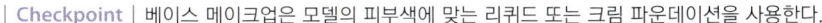

1 모델의 피부톤에 적합한 메이크업 베이스를 플레이트판에 적당량을 덜어 낸다.

2 피부의 결을 따라 얇고 고르게 펴 바른다.

2 파운데이션

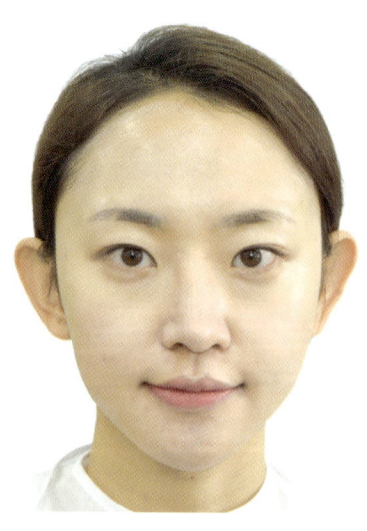

1 모델의 피부색과 비슷한 리퀴드 또는 크림 파운데이션을 팔레트나 손등에 덜어 낸다.

2 얼굴의 넓은 부위인 볼의 안쪽부터 시작해 이마, 코, 턱 순으로 두껍지 않고 자연스럽고 고르게 펴 바른다. 베이스와 마찬가지로 피부의 결을 따라 안쪽에서 바깥쪽으로 얇게 펴 바른다.

3 브러시의 남은 파운데이션으로 얼굴 외곽을 정리한다.

| Checkpoint | 트위기 메이크업은 주근깨, 기미, 잡티가 보이는 자연스러운 피부표현의 메이크업이므로 두껍지 않게 얇고 고르게 펴 바른다.

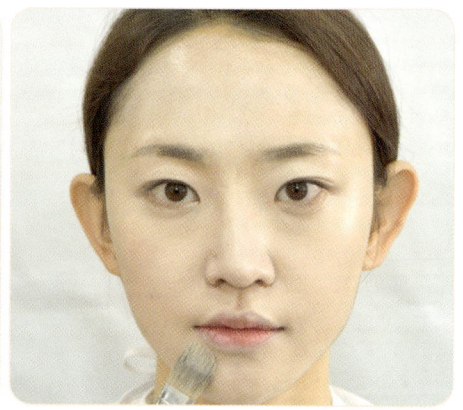

모델의 눈을 뜨게 한 후 눈밑 부분도 두드려 바른다.

입술 주변은 입술 주변의 얼굴 근육의 결을 따라 둥글리듯 바른다.

3 파우더

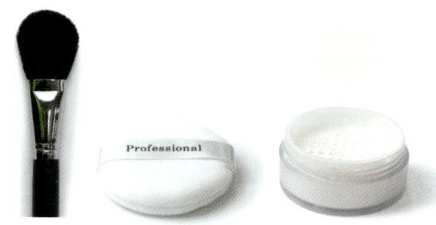

투명 파우더를 파우더 브러시에 묻혀 파우더 가루가 묻은 브러시를 공중에 한번 살짝 털어준 후 자연스러운 느낌이 나게 바른다.

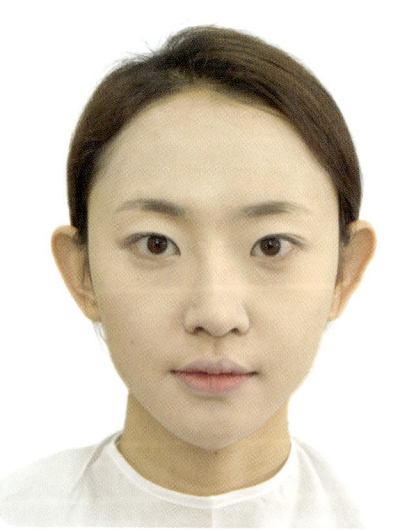

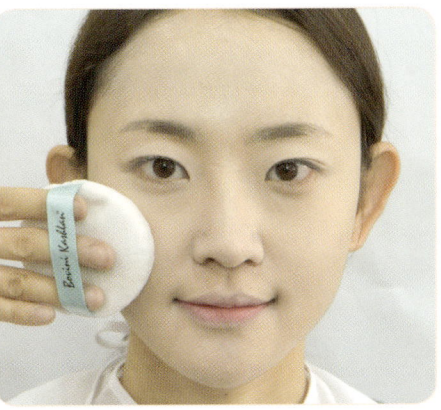

팁 | 파우더 가루가 묻은 브러시를 공중에 한번 살짝 털어준 후 바르면 파우더의 뭉침이나 가루 날림을 방지할 수 있다.

03 | 아이브로

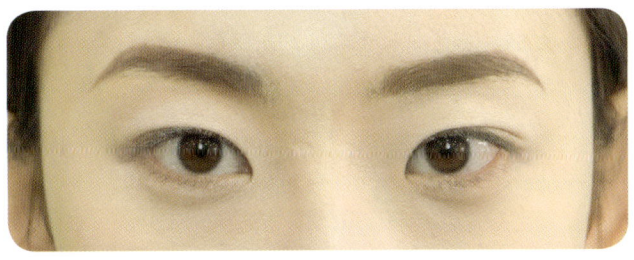

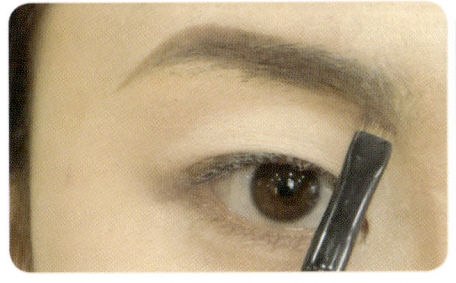

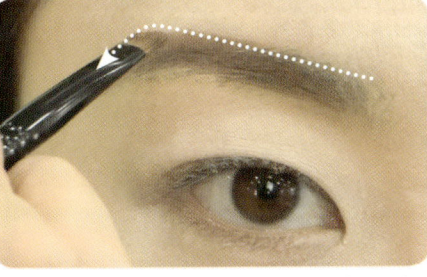

1 눈썹 브러시를 사용하여 자연스러운 브라운 컬러로 눈썹을 그린다.

2 눈썹산을 강조하여 도면과 같은 눈썹 모양으로 그려준다.

3 스크루 브러시로 한 번 더 눈썹 결대로 빗어주어 톤을 부드럽고 일정하게 조절 한다.

04 | 아이섀도

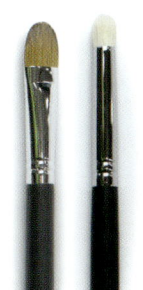

【화이트 베이스 컬러 도포】

 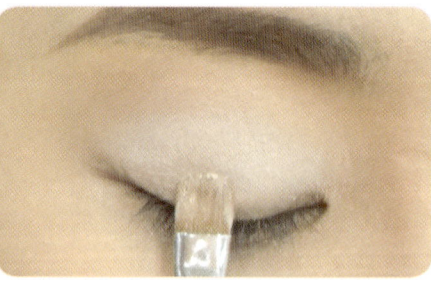 

1 화이트 베이스 컬러를 눈두덩 전체와 눈썹산 아래에 발라준다.

【아이홀 라인 강조】

사진과 같이 눈을 감은 상태에서 아이홀 라인
윗부분에 약 2~3mm 두께로 그려준다.

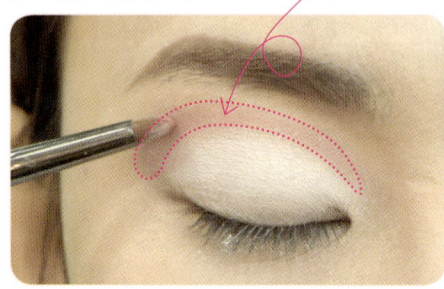  

2 핑크색 섀도를 사용하여 안구 위쪽의 쑥 들어가는 아이홀에 반달 모양처럼 앞과 뒤가 트인 아이홀 라인의 인위적인 쌍꺼풀라인의 윤곽을 자연스럽게 그려준다.

3 그레이컬러로 아이홀을 따라 쌍꺼풀 라인의 경계선이 지도록 선명하게 그려준다.

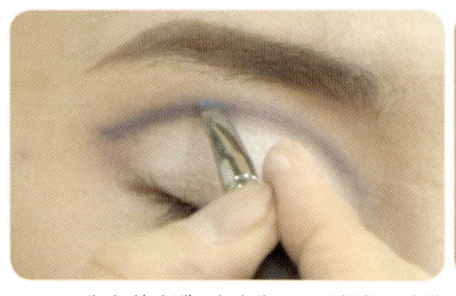  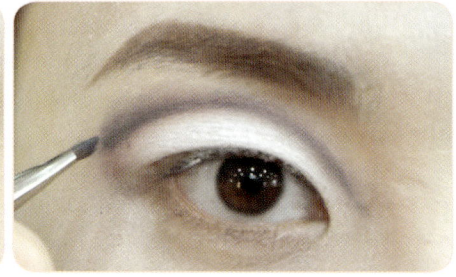

4 네이비(남색) 아이섀도로 쌍꺼풀 라인의 선이 선명하게 강조되도록 홀 바깥으로 그라데이션하여 색을 표현한다.

5 어두운 청색의 아이섀도를 쌍꺼풀 라인 홀 바깥으로 그라데이션하여 음영을 넣어준다.

6 조금 더 진한 그레이 컬러로 쌍꺼풀 라인이 선명하게 나오도록 다시 한 번 얇게 홀라인을 강조하여 눈매를 또렷하게 표현한다.

팁 | 홀 라인을 그릴 때는 모가 짧고 일자로 커팅된 날렵한 아이라인용 브러시나 모가 납작해서 좁은 면도 섬세하게 그릴 수 있는 브러시로 홀을 잡아주고 블렌딩 브러시로 그라데이션을 해준다.

【하이라이트】

7 화이트 섀도로 쌍꺼풀 라인 안쪽 아이홀에 톡톡 얹어 주듯 발라 발색력을 높여 하이라이트를 준다.

05 | 아이라인

젤 타입의
블랙 아이라이너

| Checkpoint | 트위기 아이라인은 반달 모양의 눈매가 특징이다.

1 젤 아이라이너로 속눈썹 모근 사이사이를 메우듯 좌우로 터치하며 그려준다.

2 눈꼬리는 5~7mm 정도 아이홀 라인 바깥쪽으로 도면과 같이 쌍꺼풀 라인 길이만큼만 살짝 내려가도록 빼준다.

3 눈이 커 보이고 선명하게 표현하기 위해 액상이나 젤 타입의 아이라이너로 그려준다.

팁 | 속눈썹 모근 위로 눈 가운데 아리라인이 두껍고 눈앞머리와 눈꼬리 부분이 사라지게 눈매를 그려준다.

06 | 자연 속눈썹 컬링 및 인조 속눈썹 붙이기

1 뷰러를 이용하여 자연 속눈썹을 컬링한다.

2 마스카라를 속눈썹 위아래에 꼼꼼히 발라준다.

3 인조 속눈썹을 트위저를 이용하여 잡고 속눈썹 풀을 골고루 묻혀 준 후 인조 속눈썹을 눈의 중앙 부위부터 붙여준다.

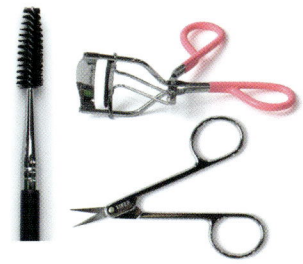

윗 속눈썹

아래 속눈썹

| Checkpoint | 트위기 속눈썹은 인형처럼 표현되는 눈매로 자연 속눈썹을 뷰러로 확실하게 컬링을 해 주어야 속눈썹이 아래로 처지지 않고 시원하고 위로 솟은 느낌의 눈매를 연출할 수 있다.

4 속눈썹 풀이 완전히 마른 후 자연 속눈썹과 인조 속눈썹을 마스카라로 다시 한번 상승형이 되도록 과장된 인형 같은 눈매를 완성한다.

5 화이트 파운데이션 컬러나 펜슬로 50~70% 정도만 발색이 되게 언더라인 점막을 살짝 채워준다.

6 언더 쪽 눈꺼풀을 가볍게 눌러 주어 아래 속눈썹 밑에 붙여 연출한다.

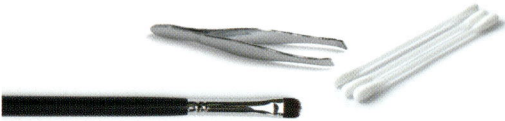

07 | 치크

1 핑크 및 라이트 브라운색으로 애플존 위치에 치크 브러시로 가볍게 톡톡 두드리며 둥근 느낌으로 바른다.

2 광대뼈를 감싸듯 둥글게 동글리며 자연스럽게 표현한다.

08 │ 립

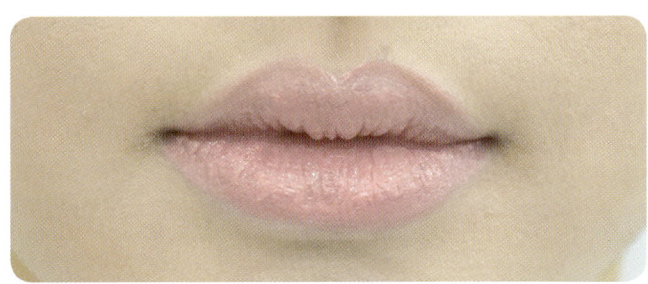

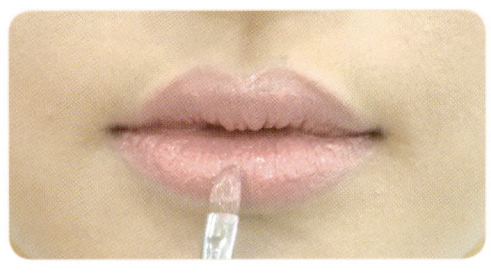

1 베이지 핑크색으로 입술을 자연스럽게 바른다.

2 입술 라인이 선명하여 경계가 지지 않게 립 안쪽에서 바깥쪽으로 자연스럽게 펴 바른다.

09 │ 마무리

사용한 재료와 도구는 모두 제자리에 정리하고 작업대 위를 깔끔하게 정리한다.

TWIGGY Make-up - finish works

before | after
-front

after
-side | after
-left side

펑 크 메 이 크 업

PUNK MAKE-UP

Makeup Artist Certification

40 min

배점 30

개요

01 | 과제개요

베이스 메이크업	눈썹	눈	볼	입술	배점	작업시간
크림 파운데이션으로 창백한 피부 표현	눈썹결 강조	화이트, 베이지, 그레이, 검정색	레드 브라운	검붉은색	30점	40분

02 | 심사기준

구분	사전심사	시술순서 및 숙련도						완성도
		소독	베이스 메이크업	눈썹	눈	볼	입술	
배점	3	3	3	3	6	3	3	6

03 | 심사 포인트

(1) 사전심사

【수험자 및 모델의 복장】
① 수험자의 모델이 규정에 맞는 복장을 하고 있는가?
② 수험자와 모델이 불필요한 액세서리 등을 착용하고 있지 않는가?

【테이블 세팅】
① 시술에 필요한 준비목록이 모두 구비되어 있는가?
② 과제에 불필요한 도구 및 재료가 세팅되어 있지 않는가?
③ 작업 테이블이 위생적으로 정리되어 있는가?
④ 위생이 필요한 도구를 적절하게 소독하였는가?

(2) 본심사

【시술 순서 및 숙련도】
① 시술 순서가 잘못되지 않았는가?
② 전체 과정을 얼마나 능숙하게 작업하였는가?

【베이스 메이크업】
① 모델의 피부톤에 적합한 메이크업 베이스를 선택하여 얇고 고르게 발랐는가?
② 크림 파운데이션을 사용하여 창백하게 표현하였는가?
③ 피부의 결점 등을 잘 커버하였는가?
③ 파우더를 사용하여 매트하게 마무리하였는가?

【아이브로】
눈썹은 도면과 같이 눈썹결을 강조하여 짙고 강하게 그렸는가?

【아이섀도】
① 아이홀을 화이트, 베이지, 그레이, 블랙 등을 이용하여 강하게 표현하였는가?
② 아이홀은 눈꼬리에서 앞머리쪽으로 그리고 아이홀 눈꼬리 1/3 부분을 검정색 아이섀도나 아이라이너를 이용하여 채우고 그라데이션을 하였는가?

【아이라인】
① 아이라인은 검정색을 이용하여 3개의 라인을 아이홀 라인의 바깥쪽으로 과장되게 표현하였는가?
② 언더라인은 위쪽 라인까지 연결하여 강하게 표현하였는가?

【속눈썹】
① 뷰러를 이용하여 자연 속눈썹을 제대로 컬링한 후 마스카라를 바르고 인조 속눈썹을 붙였는가?

【볼】
레드브라운색으로 얼굴 앞쪽을 향하여 사선으로 선을 그리듯 강하게 표현하였는가?

【입술】
검붉은색을 사용하여 펴 바르고 입술라인을 선명하게 표현하였는가?

【완성도】
① 전체적인 완성도 체크
② 펑크 메이크업의 특징을 살렸는가?
③ 작업 종료 후 정리정돈을 잘 하였는가?

04 | 과제 요구사항

메이크업 베이스

- 모델 피부톤에 적합한 메이크업 베이스를 선택하여 얇고 고르게 펴 바름
- 크림 파운데이션으로 창백하게 표현
- 피부의 결점 등을 커버하기 위해 컨실러 등을 사용 가능
- 파운더를 이용하여 매트하게 표현

눈썹

도면과 같이 눈썹의 결을 강조하여 짙고 강하게 표현

치크

레드 브라운색으로 얼굴 앞쪽을 향하여 사선으로 선을 그리듯 강하게 바름

립

검붉은 색을 이용하여 펴 바르고, 입술라인을 선명하게 표현

아이섀도

- 화이트, 베이지, 그레이, 블랙 등의 컬러를 이용하여 아이홀을 강하게 표현
- 아이홀은 눈꼬리에서 눈머리 쪽으로 그리고, 아이홀 눈꼬리 1/3 지점을 검정색 아이섀도나 아이라이너를 이용하여 채우고 도면과 같이 그라데이션 처리할 것

아이라인

- 검정색을 이용하여 아이홀 라인 바깥쪽으로 과장되게 그려 도면과 같이 표현
- 언더라인은 위쪽 라인까지 연결하여 강하게 표현

아이컬링 및 인조 속눈썹

속눈썹은 인조 속눈썹을 이용하여 길고 강하게 표현

05 | 작업대 세팅

| 작업대 세팅 시 주의사항 |
- 시험 전 메이크업 도구관리 체크리스트에 따라 사전점검 작업을 실시한다.
- 시험 도중에는 도구나 재료를 꺼낼 수 없으므로 모든 재료가 세팅되었는지 다시 한번 체크한다.

준비물 꼭 챙기세요!

01. 아이섀도 팔레트
02. 립 팔레트
03. 더블 콤팩트
04. 치크(핑크, 오렌지)
05. 팔레트
06. 소프트 파운데이션
   (화이트, 살색, 브라운)
07. 페이스 파우더(핑크)
08. 페이스 파우더(베이지)

09. 젤 아이라인
10. 금색펄 피그먼트
11. 스프리트검
12. 실러
13. 리무버
14. 더마왁스
15. 인조속눈썹
16. 속눈썹 풀
17. 컨실러

18. 파운데이션(샤이닝 베이지)
19. 파운데이션(다크 베이지)
20. 메이크업 베이스(핑크)
21. 리퀴드 파운데이션(내추럴 베이지)
22. 메이크업 베이스(그린)
23. 메이크업용 브러시세트, 뷰러
24. 분첩, NRG사각퍼프

25. 아이브로 펜슬(화이트, 블랙, 브라운)
   립펜슬(레드, 브라운)
   마스카라
   아이라인
26. 미용솜
27. 스파츌라, 눈썹가위, 족집게
28. 소독제
29. 면봉

본심사

01 | 소독 및 위생

1 수험자의 손 소독하기

화장솜(탈지면)에 소독제(안티셉틱)를 2~3회 뿌려 양손을 번갈아가며 양손등, 손바닥, 손가락 사이를 꼼꼼히 닦아낸 후 위생봉투에 버린다.

2 도구 소독하기

스파출라, 속눈썹 가위, 족집게, 눈썹칼, 플레이트판 등의 도구를 소독제로 소독한다.

02 | 베이스 메이크업

1 메이크업 베이스

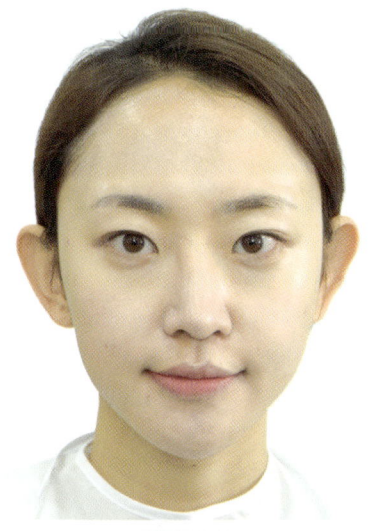

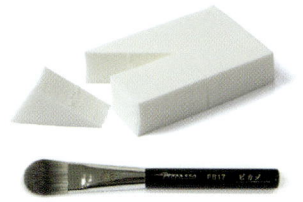 

1 모델의 피부톤에 적합한 메이크업 베이스를 플레이트판에 적당량을 덜어 낸다.

2 피부의 결을 따라 얇고 고르게 펴 바른다.

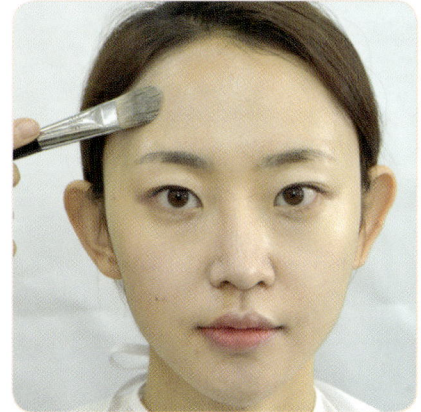 

2 파운데이션

모델의 피부 톤을 창백하게 표현하기 위해 피부톤보다 밝은 크림 파운데이션을 선택한다.

눈과 코, 입 주변에도 두드려 꼼꼼히 발라준다.

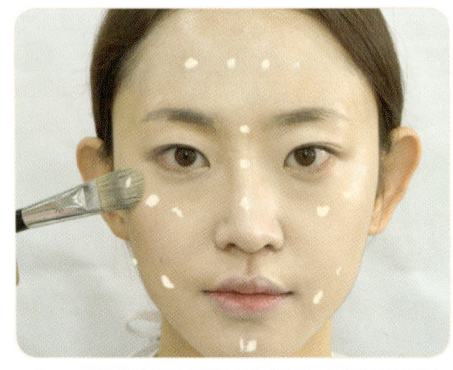

1 모델의 피부톤보다 밝은 크림 파운데이션을 손등이나 팔레트에 적당량 덜어 얼굴 전체에 콕콕 찍듯 얹어준다.

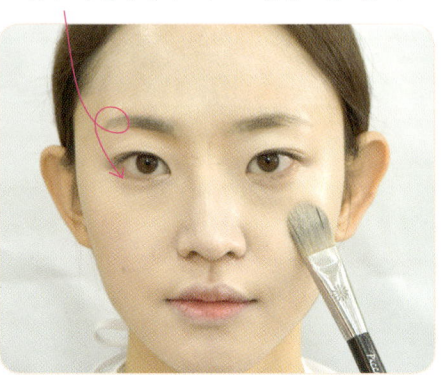

2 파운데이션 브러시로 피부 결에 따라 볼의 안쪽에서 바깥쪽으로 바른 후 이마 – 코 – 턱 순으로 고르게 펴 바른다.

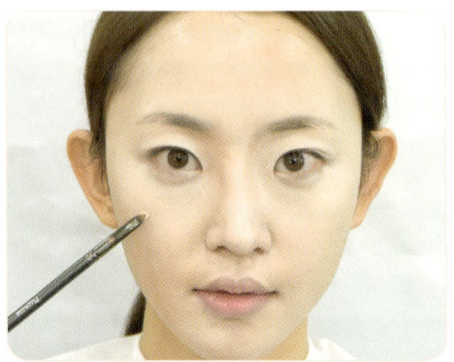

3 눈밑 다크서클, 붉은 반점, 여드름, 기미, 긁힌 상처자국이나 코 옆주름 등이 있다면 파운데이션 컬러보다 1~2톤 밝은 컨실러로 커버한다.

3 파우더

파우더를 이용하여 페이스 라인과 T존 부위 등 전체적으로 매트하게 마무리한다.

파우더 뚜껑을 이용하여 양을 조절한다.

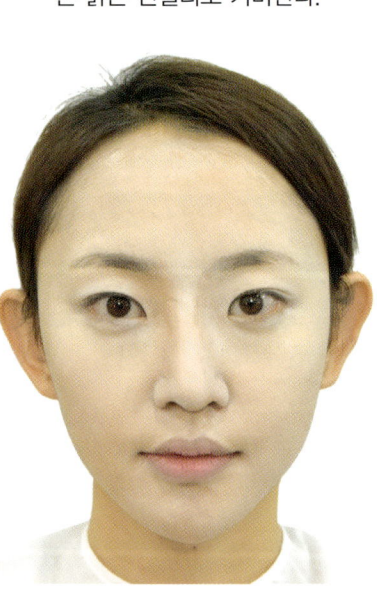

03 | 아이브로

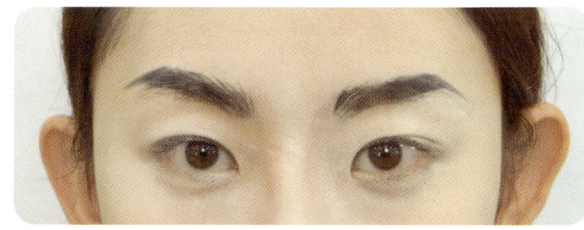

1 눈썹 결이 하나하나 살아나도록 블랙 펜슬이나 붓펜 타입의 아이라이너로 눈썹의 결을 강조하여 그린다.

2 눈썹산을 각지게 표현하고 눈썹결을 강조하여 짙고 강하게 그린다.

3 검정색 아이섀도를 사용하여 눈썹을 짙고 강하게 표현하고, 검정색 펜슬을 사용하여 눈썹결을 강조한나.

04 | 아이섀도

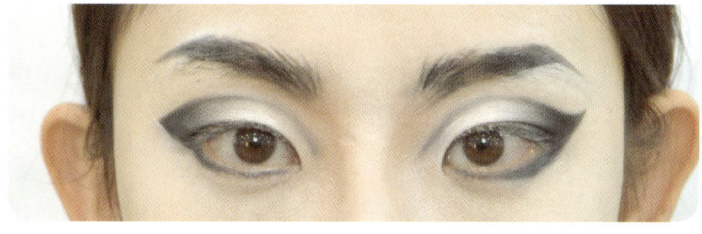

【화이트 베이스 컬러 도포】

1 베이지 컬러를 사용하여 눈썹 앞머리와 노즈 섀도에 음영을 준다.

2 화이트 베이스 컬러로 눈두덩과 눈썹뼈 아래 부분을 발라준다.

【아이홀 윤곽 그리기】

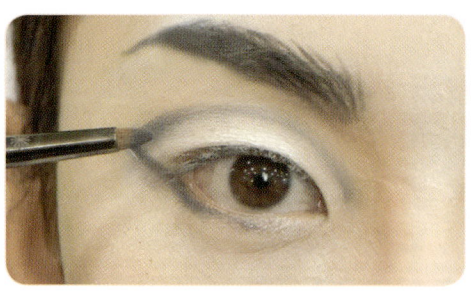

주의 | 아이홀 윤곽이 너무 두껍지 않게 한다.

3 아이홀 윤곽을 따라 그레이 컬러를 사용하여 아이홀라인의 윤곽을 잡아준다.

4 눈꼬리는 과장되게 눈을 살짝 내리뜨고 언더라인의 둥근 동선을 타고 올라가 도면과 같이 꼬리부분을 표현한다.

【윗 눈꺼풀】

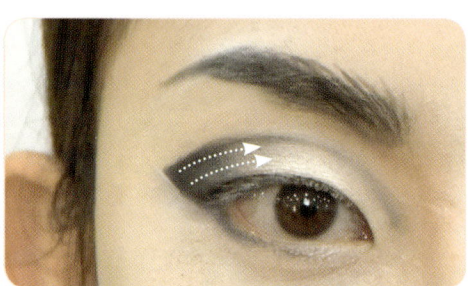

5 그레이 컬러를 쌍겹 부위부터 홀 방향으로 경계선이 생기지 않게 아이홀 안쪽을 그라데이션해 준다.

6 다크그레이와 블랙을 사용하여 아이홀 눈꼬리 부분 1/3 부분을 발라주어 깊어 보이는 눈매를 연출한다.

7 눈꼬리에서 눈 중앙으로 갈수록 점진적인 그라데이션을 한다.

【언더라인】

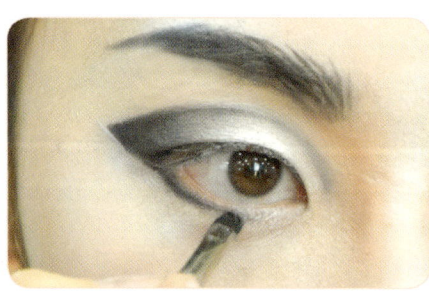

| 감점요인 |
• 그라데이션에 경계가 생겨 부자연스울 때

8 언더라인에 검정색 섀도를 덧발라 그라데이션하여 깊이감을 연출한다.

9 언더라인 앞쪽까지 이어지게 그린다.

참고 | 아이섀도 프라이머, 젤 혹은 리퀴드 타입의 아이 섀도를 사용할 경우 섀도의 발색력이 좋고 가루 날림을 방지할 수 있다.

젤 타입의
블랙 아이라이너

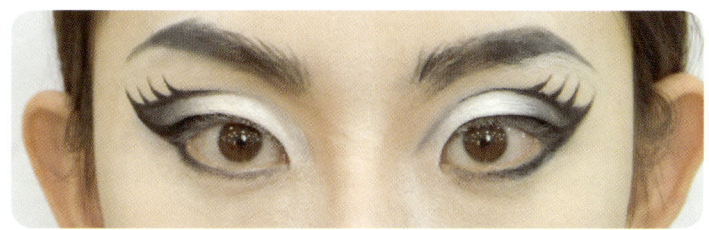

1 검정색 아이라이너를 이용하여 속눈썹 모근 사이사이를 메우듯 좌우로 터치하며 아이홀 라인 바깥쪽으로 도면과 같이 두껍고 길게 그려준다.

2 아이라인 끝을 아이홀 라인과 연결되도록 그려준다.

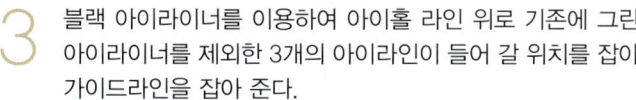

팁 | 비교적 부드럽고 쉽게 그려지는 붓펜 타입의 아이라이너는 2~3회 흔들어 주어 선의 굵기와 강약을 조절하여 그린다.

팁 | 중앙에서 눈꼬리까지의 길이를 4등분하여 3개의 점을 점을 살짝 찍어 가이드라인을 잡아준다.

3 블랙 아이라이너를 이용하여 아이홀 라인 위로 기존에 그린 아이라이너를 제외한 3개의 아이라인이 들어 갈 위치를 잡아 가이드라인을 잡아 준다.

4 블랙 아이라이너로 길고 뾰족한 속눈썹이 바깥으로 솟은 듯한 모양으로 네 개의 라인을 도면과 같이 바깥쪽으로 과장되고 강하게 그려 넣는다.

팁 | 아이 홀라인의 바깥쪽 3개의 아이라인은 45도 각도로 사선 활처럼 과장되게 도면과 같이 그리고, 눈꼬리쪽 기존의 아이라인과 평행이 되게 표현한다.

5 언더라인은 눈을 살짝 위로 뜨고 언더 속눈썹이 자라는 부분에 언더라인의 둥근 동선을 타고 올라가 눈꼬리쪽 라인과 연결하여 도면과 같이 강하게 표현한다.

1 뷰러를 이용하여 자연 속눈썹을 컬링한다.

2 시선을 아래로 향하게 한 후 마스카라를 사용하여 위아래를 꼼꼼히 컬링을 해 준다.

3 인조 속눈썹 밑에 접착제를 바른 후 접착제가 마르기 직전에 족집게를 사용하여 붙인다.

4 속눈썹 풀이 완전히 마른 후 자신의 속눈썹과 인조 속눈썹을 뷰러로 같이 잡아 집어주어 과장된 길고 강한 눈매를 완성한다.

07 | 치크

레드브라운색으로 관자놀이 바로 아래에서 입꼬리 방향을 향하여 사선으로 선을 그리듯 강하게 바른다.

08 | 립

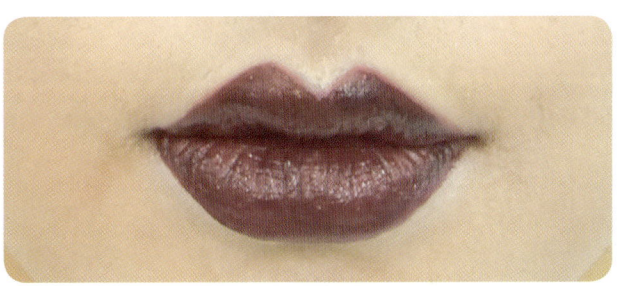

1 검붉은색 립펜슬을 사용해 입술라인 산을 뾰족하고 선명하게 표현한다.

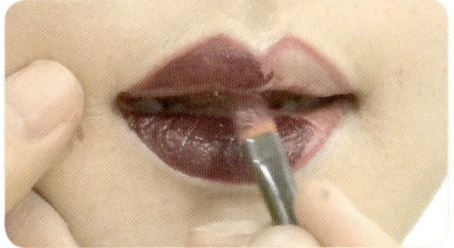

2 검붉은색(버건디+블랙) 립으로 입술 색을 펴 바른다.

09 | 마무리

사용한 재료와 도구는 모두 제자리에 정리하고 작업대 위를 깔끔하게 정리한다.

PUNK Make-up - **finish works**

before | after -front

after -side | after -left side

Chapter
03
CHARACTER
캐릭터 메이크업 MAKEUP

1. 레오파드 메이크업
2. 한국무용 메이크업
3. 발레무용 메이크업
4. 노인 메이크업

Course Preview

한 눈에 살펴보는

과제 03 캐릭터 메이크업

실기시험 당일 전체 4과제가 주어지며, 캐릭터 메이크업에서 1과제가 공개됩니다.
아래 표는 캐릭터 메이크업의 과제별 주요 과정을 비교·정리한 것이므로 충분히 숙지하시기 바랍니다.

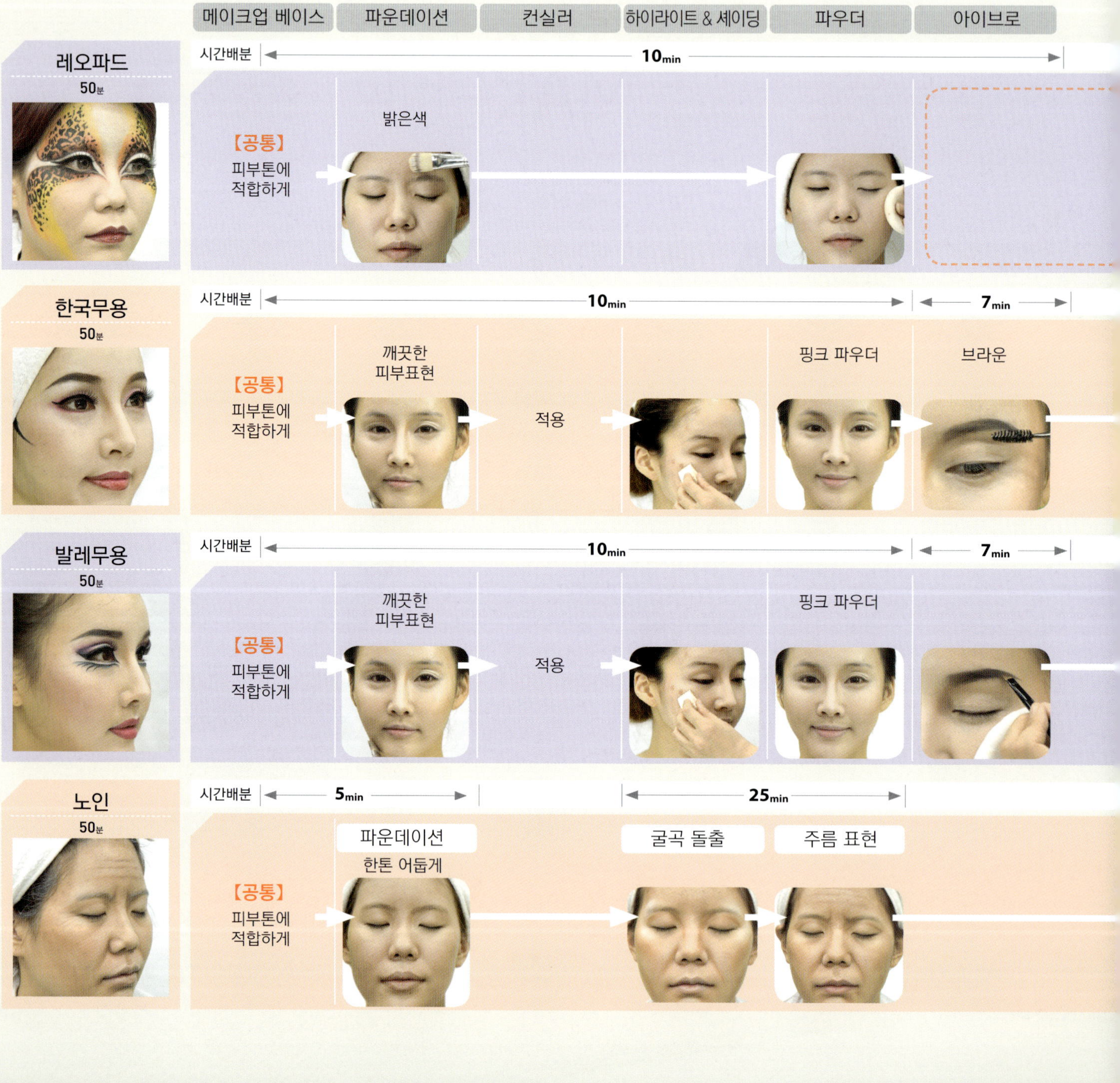

	메이크업 베이스	파운데이션	컨실러	하이라이트 & 셰이딩	파우더	아이브로
레오파드 50분	시간배분	← 10min →				
	【공통】 피부톤에 적합하게	밝은색				
한국무용 50분	시간배분	← 10min →				7min
	【공통】 피부톤에 적합하게	깨끗한 피부표현	적용		핑크 파우더	브라운
발레무용 50분	시간배분	← 10min →				7min
	【공통】 피부톤에 적합하게	깨끗한 피부표현	적용		핑크 파우더	
노인 50분	시간배분	← 5min →		← 25min →		
	【공통】 피부톤에 적합하게	파운데이션 한톤 어둡게		굴곡 돌출	주름 표현	

과제	구분	캐릭터 디자인			아이라인	립
레오파드		옐로	오렌지	브라운	블랙	버건디

과제	구분	아이브로		아이섀도			아이라인	치크	립
한국무용		브라운	블랙	흰색	핑크	마젠타	블랙	핑크	오렌지
발레무용		브라운	블랙	흰색/퍼플	핑크	블루	블랙	핑크	레드

과제	구분	아이브로	주름표현			립
노인		그레이		브라운		베이지

※색상표는 참고만 하시기 바랍니다.

아이섀도	아이라인	속눈썹 컬링	인조 속눈썹	마스카라	치크	립

20min		10min			10min	

【아이브로에서 치크까지 구분없이 레오파드를 표현】

옐로, 오렌지, 브라운, 흰색	• 눈꺼풀 위와 눈밑 언더라인 트임 • 레오파드 무늬	• 길고 날카로운 속눈썹, 언더라인 • 아이라이너 또는 인조속눈썹	버건디 인커브

13min	8min	12min

흰색, 연분홍색, 마젠타 상승형	• 검정색 아이라이너 • 언더라인은 펜슬 또는 아이섀도		• 검정색의 짙은 속눈썹 • 상승형	• 핑크색 • 광대뼈를 감싸듯 화사하게	• 레드(핑크빛 레드) • 귀밑머리

전체 마무리

15min	8min	10min

흰색, 핑크, 퍼플, 아쿠아블루	• 검정색 • 길게		상승형		• 핑크색 • 광대뼈를 감싸듯 화사하게	• 로즈색 • 핑크색

5min	5min	10min

파우더	아이브로 회갈색	립 • 내추럴 베이지 • 주름 표현

※시간배분은 개략적인 수치이며, 숙련도 및 개인마다 차이가 있으므로 참고만 하시기 바랍니다.

LEOPARD MAKEUP

레오파드 메이크업

Makeup Artist Certification

50 min

배점 **25**

개요

베이스 메이크업	그라데이션	눈	볼	입술	배점	작업시간
밝은 색 파운데이션	옐로, 오렌지, 브라운색의 아쿠어 컬러나 아이섀도	• 흰색 아이홀 • 검정색 아이라이너 • 눈꺼풀 위와 눈밑 언더라인의 트임	레오파드 무늬	• 버건디 레드 • 인커브	25점	50분

02 | 심사기준

구분	사전심사	시술순서 및 숙련도						완성도
		소독	베이스 메이크업	눈썹	눈	캐릭터	입술	
배점	2	3	3	3	4	3	3	4

03 | 심사 포인트

(1) 사전심사

【수험자 및 모델의 복장】
① 수험자와 모델이 규정에 맞는 복장을 하고 있는가?
② 수험자와 모델이 불필요한 액세서리 등을 착용하고 있지 않는가?

【테이블 세팅】
① 시술에 필요한 준비목록이 모두 구비되어 있는가?
② 과제에 불필요한 도구 및 재료가 세팅되어 있지 않는가?
③ 작업 테이블이 위생적으로 정리되어 있는가?
④ 위생이 필요한 도구를 적절하게 소독하였는가?

(2) 본심사

【시술 순서 및 숙련도】
① 시술 순서가 잘못되지 않았는가?
② 전체 과정을 얼마나 능숙하게 작업하였는가?

【베이스 메이크업】
① 모델의 피부톤에 적합한 메이크업 베이스를 발랐는가?
② 피부톤보다 밝은색 크림 파운데이션을 바른 후 파우더로 마무리하였는가?
③ 옐로, 오렌지, 브라운색의 아쿠아 컬러나 아이섀도 등을 사용하여 도면과 같이 조화롭게 그라데이션을 하였는가?

【눈】
아이홀 부위는 도면과 같이 흰색으로 뚜렷하게 표현하고, 검정색 이이리이니, 이루이 컬리 등으로 눈끼풀 위와 눈밑 언더라인의 트임을 표현하였는가?

【캐릭터 표현】
아쿠아 컬러나 아이라이너 등을 사용하여 레오파드 무늬를 선명하고 점진적으로 표현하였는가?

【속눈썹】
① 인조 속눈썹을 사용하여 길고 날카로운 눈매를 표현하였는가?
② 언더라인을 아이라이너를 사용하여 그리거나 인조 속눈썹을 붙여 표현하였는가?

【입술】
버건디 레드 컬러를 사용하여 구각을 강조한 인커브 형태로 표현하였는가?

【완성도】
① 전체적인 완성도 체크
② 작업 종료 후 정리정돈을 잘 하였는가?

04 | 과제 요구사항

메이크업 베이스
- 피부톤에 맞는 메이크업 베이스를 바름
- **피부톤보다 밝은 크림** 파운데이션을 이용하여 바른 후 파우더로 마무리

캐릭터 표현
- **옐로우, 오렌지, 브라운** 색의 아쿠아 컬러나 아이섀도 등을 사용하여 도면과 같이 조화롭게 그라데이션 처리
- 레오파드 무늬는 아쿠아 컬러나 아이라이너 등을 사용하여 표현

립
- **버건디 레드**의 립컬러를 사용하여 구각을 강조한 인커브 형태로 표현

아이라인
- 아이홀 부위는 도면과 같이 **흰색**으로 뚜렷하게 표현
- 검정색 아이라이너로 눈꺼풀 위와 눈 밑 언더라인의 트임을 표현

아이컬링 및 인조 속눈썹
- 뷰러로 자연 속눈썹을 컬링
- 인조 속눈썹을 사용하여 길고 날카로운 눈매 표현

05 | 작업대 세팅

작업대 세팅 시 주의사항
- 시험 전 메이크업 도구관리 체크리스트에 따라 사전점검 작업을 실시한다.
- 시험 도중에는 도구나 재료를 꺼낼 수 없으므로 모든 재료가 세팅되었는지 다시 한번 체크한다.

준비물 꼭 챙기세요!

01. 아이섀도 팔레트
02. 립 팔레트
03. 더블 콤팩트
04. 치크(핑크, 오렌지)
05. 팔레트
06. 소프트 파운데이션 (화이트, 살색, 브라운)
07. 페이스 파우더(핑크)
08. 페이스 파우더(베이지)
09. 젤 아이라인

10. 금색펄 피그먼트
11. 아쿠아컬러
12. 인조 속눈썹
13. 속눈썹 풀
14. 컨실러
15. 파운데이션(샤이닝 베이지)
16. 파운데이션(다크 베이지)
17. 메이크업 베이스(핑크)
18. 리퀴드 파운데이션(내추럴 베이지)

19. 메이크업 베이스(그린)
20. 메이크업용 브러시세트, 뷰러
21. 아이브로 펜슬(화이트, 블랙, 브라운) 립펜슬(레드, 브라운) 마스카라 아이라인
22. 분첩, NRG사각퍼프
23. 물통
24. 미용솜

25. 스파출라, 눈썹가위, 족집게
26. 소독제
27. 면봉

본심사

01 | 소독 및 위생

1 수험자의 손 소독하기

화장솜(탈지면)에 소독제(안티셉틱)를 2~3회 뿌려 양손을 번갈아가며 양손등, 손바닥, 손가락 사이를 꼼꼼히 닦아낸 후 위생봉투에 버린다.

2 도구 소독하기

스파출라, 속눈썹 가위, 족집게, 눈썹칼, 플레이트판 등의 도구를 소독제로 소독한다.

02 | 베이스 메이크업

1 메이크업 베이스

1 모델의 피부톤에 적합한 메이크업 베이스를 플레이트판에 적당량을 덜어낸다.

2 얼굴 전체에 적당량을 콕콕 찍듯 얹어준 후 브러시를 이용하여 얇고 고르게 펴 바른다.

 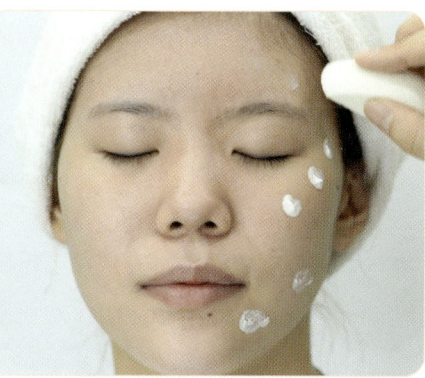

2 파운데이션

1   모델의 피부톤보다 밝은 파운데이션을 플레이트판에 덜어낸다.

2   얼굴 전체에 적당량을 콕콕 찍듯 얹어 준 후 파운데이션 브러시, 라텍스 스
     펀지 또는 손을 사용하여 볼의 안쪽부터 시작해 이마, 코, 턱 순으로 고르게
     펴 바른다.

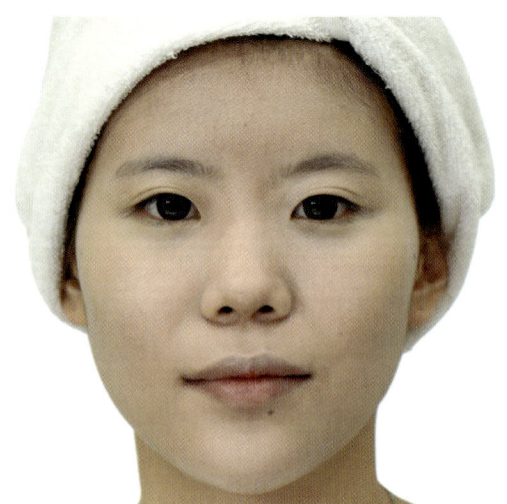

피부톤보다 한 톤 밝은 색상을 선택한다.

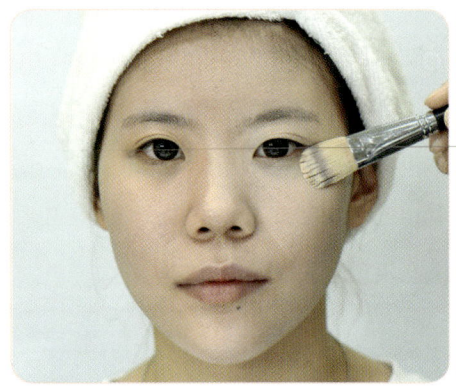

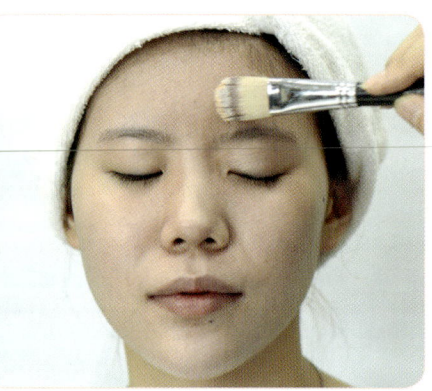

3 파우더

가벼운 느낌의 투명 파우더를 파우더 브러시에 잘 스며들도록 하여 얼굴 전체에 골
고루 바른다.

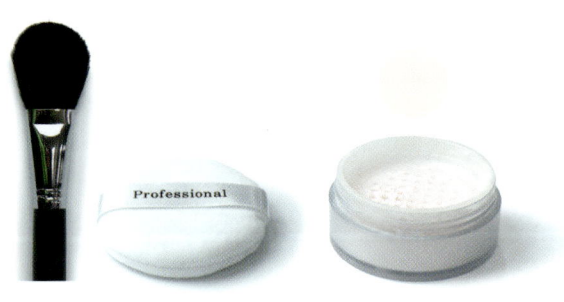

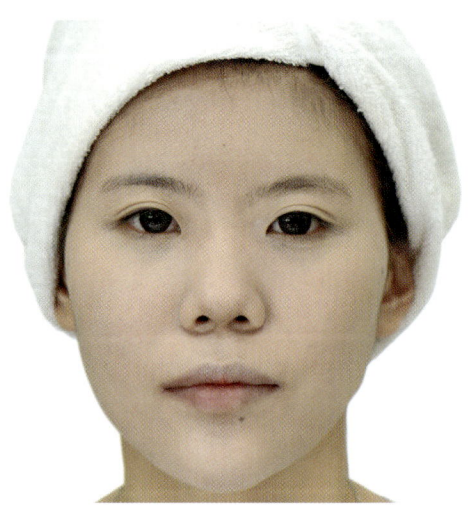

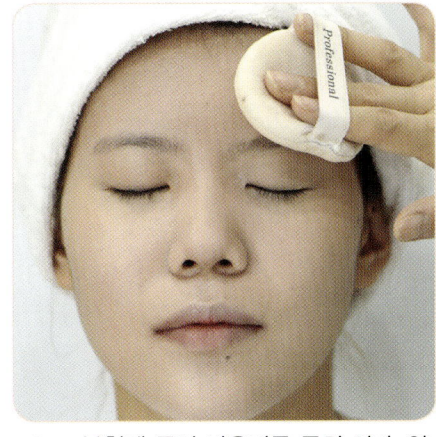
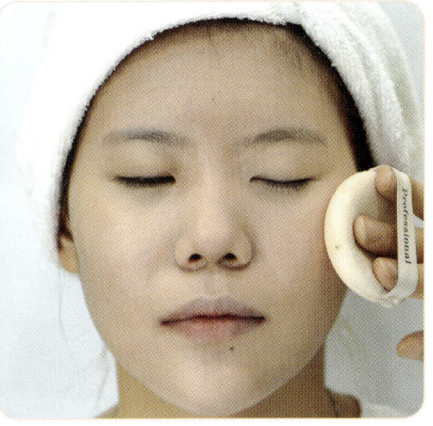

1 분첩에 투명 파우더를 묻혀 이마, 양 볼, 턱 부위에 가볍게 톡톡 두드린다.

2 뭉치지 않게 양 조절을 하여 꼼꼼히 바른다.

03 | 캐릭터 디자인하기

1 밑바탕 그리기

화이트 펜슬로 사신과 같이 좌우 대칭이 되게 레오파드 캐릭터 작업을 위한 밑바탕을 먼저 그려준다.

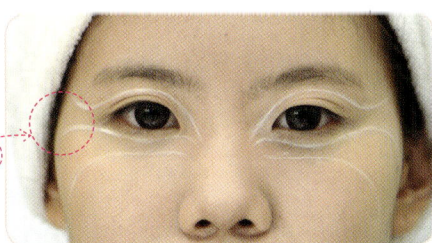
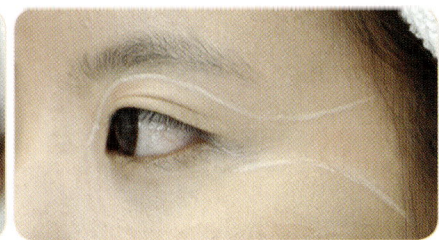

밑그림이므로 너무 진하게 그리지 않도록 한다.

2 그라데이션하기

참고 | **브러시에 아쿠아 컬러 묻히는 방법**
- 페이스 브러시에 물을 약간 적신 후 수성 아쿠아 옐로 컬러를 브러시 전체에 묻힌다.
- 오렌지 컬러를 브러시의 1/2 정도, 브라운 컬러를 브러시의 1/6 정도 포인트만 되게 묻힌다.
- 브러시에 경계가 생기지 않게 팔레트 위에서 블렌딩해 준다.
- 아쿠아 컬러를 묻힌 페이스 브러시로 이마, 눈 주위, 광대뼈 바깥 부분을 도면과 같이 좌우 균형이 맞게 그라데이션을 해준다.

아쿠아 컬러는 수성이므로 물로 묽기를 조절한다.

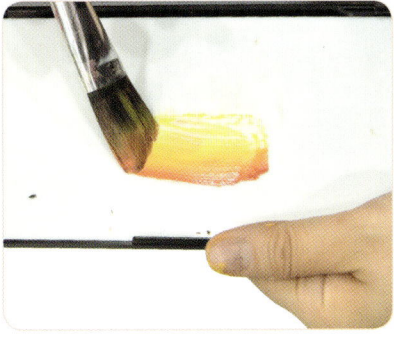

주의 | 아트용 컬러는 세안이 용이한 아쿠아 컬러를 사용하며, 유성의 라이닝컬러는 사용하면 안 된다. 또한, 아쿠아페인팅 시 페인팅 전용브러시는 페인팅 면적 부위에 맞는 크기의 브러시를 사용한다.

1 옐로, 오렌지, 브라운 컬러를 페이스 페인팅 브러시에 그라데이션이 되게 묻힌 후 아이홀 윗부분과 언더라인 아랫부분까지 그라데이션을 해준다.

2 옐로 컬러를 사용하여 도면과 같이 경계선이 생기지 않도록 조화롭게 그라데이션을 하여 입체감을 살린다.

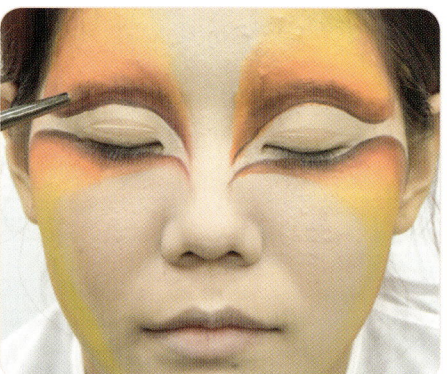

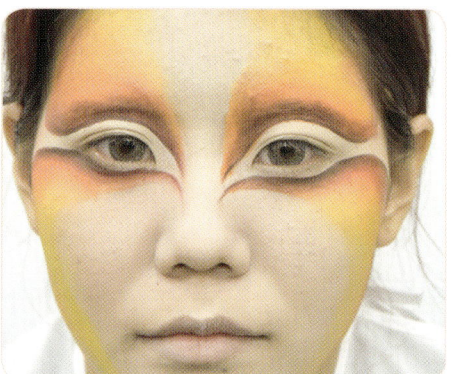

3 브라운 컬러를 사용하여 아이홀 경계선 부위에 포인트를 주어 홀라인의 경계가 뚜렷해지게 표현한다.

노트 | 아이섀도로 캐릭터 디자인하는 방법

1. 흰색 펜슬로 아이홀 부분을 물고기 모양으로 도면과 같이 라인을 그려준다.
2. 오렌지 컬러 섀도로 물고기 모양 외곽을 도면과 같이 펴바른다.
3. 옐로 컬러 섀도로 오렌지로 외곽을 밑색 도면과 같이 펴바르고 오렌지 컬러와의 경계선을 블렌딩한다.
4. 아이라이너나 아쿠아 컬러 레드와 브라운 컬러를 사용하여 물고기모양 아이홀경계선 부위에 포인트 브러시로 어두운 칼라를 표현한다.

| Checkpoint |

아이섀도 제품 사용 시에는 섀도 전용 브러시를 사용한다.

3 아이홀

크림 화이트 파운데이션을 사용하여 아이홀 안쪽 부위를 표현한 뒤 흰색 섀도로 뚜렷하게 마무리한다. 흰색 섀도는 발색이 잘 되도록 아이홀에 가볍게 두드려 표현한다.

4 아이라인

 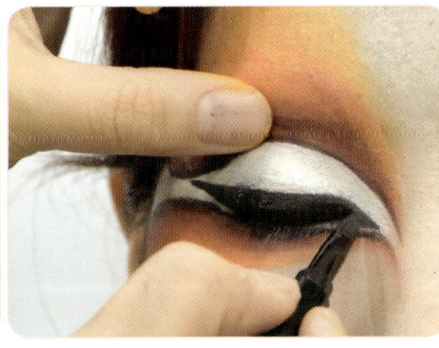 

1 검정색 아이라이너 또는 아쿠아 컬러로 눈꺼풀 위와 언더라인의 앞과 뒤의 트임을 표현하기 위해 일정한 간격으로 그려준다.

2 눈 앞머리 쪽의 아이라인은 새의 부리 모양으로 뾰족하게 45°로 언더라인과 이어지게 빼준다.

3 눈꼬리는 쌍꺼풀 라인을 따라 새의 날개처럼 끝이 사라지는 형태로 길게 빼그려준다.

주의 | 언더라인 바깥쪽으로 향하는 꼬리 부분은 아이라인 꼬리와 붙지 않게 주의한다.

4 눈밑 언더라인은 언더 속눈썹에서 2mm 정도 간격을 유지하면서 그려주고 눈꼬리에서 1/3 정도 되는 부분부터는 언더 속눈썹과 이어지게 그려 준다.

5 레오파드 무늬 표현하기

1 검정색 아쿠아 컬러 또는 아이라이너 등을 사용하여 선명하고 점진적으로 전체적인 느낌이 잘 어울리게 레오파드 무늬를 도면과 같이 표현한다.

2 눈동자가 끝나는 자리에 레오파드 무늬의 시작점을 찍고 무늬가 끝나는 자리에 선을 잡아 지정을 한다.

3 트인 원구 모양으로 길쭉하게 자유로운 형태로 외곽으로 갈수록 사이즈가 점점 작아지게 그려준다.

눈동자 주변을 시작으로 큰 무늬를 다양한 각도로 그려주고, 외곽을 갈수록 점점 작아지면서 기존 무늬와 다른 각도로 표현해준다.
트인 원구모양으로 길쭉하게 자유로운 형태로 외곽으로 갈수록 사이즈가 점점 작아지게 그려준다.

| Checkpoint |

충분한 시간 배분을 위해 많은 문양을 그리기 보다 사진처럼 약 3~4단계로 크기를 배분하여 점진적으로 그려도 된다.

04 | 인조 속눈썹 붙이기 및 마스카라

1 먼저 뷰러를 사용하여 자연 속눈썹을 먼저 컬링해 준다.

2 길이가 긴 인조 속눈썹을 사용하여 길고 날카로운 눈매를 표현한다. 마스카라를 사용하여 자연 속눈썹과 인조 속눈썹이 자연스럽게 컬링이 되게 해준다.

3 언더라인은 아이라이너를 사용하여 그리거나 인조 속눈썹을 붙여준다.

05 | 립

버건디 레드 립 컬러를 사용하여 구각을 강조한 인커브 형태로 표현한다.

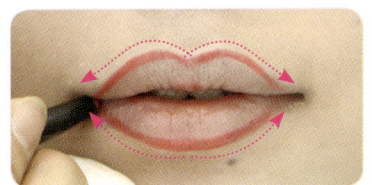
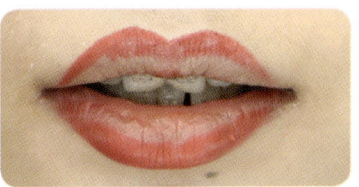

06 | 마무리

사용한 재료와 도구는 모두 제자리에 정리하고 작업대 위를 깔끔하게 정리한다.

before | after -front
after -side | after -left side

KOREAN DANCE MAKEUP

한국무용 메이크업

Makeup Artist Certification

50 min

배점 **25**

개요

01 | 과제개요

베이스 메이크업	눈썹	눈	볼	입술	배점	작업시간
• 결점 커버 • 윤곽 수정	• 브라운+검정 • 곡선형	• 흰색 눈썹뼈 • 연분홍 아이섀도 • 눈꼬리 및 언더라인 : 마젠타	핑크색	• 레드 립라이너 • 핑크 가미된 레드로 블렌딩	25점	50분

02 | 심사기준

구분	사전심사	시술순서 및 숙련도						완성도
		소독	베이스 메이크업	눈썹	눈	볼	입술	
배점	2	3	3	3	4	3	3	4

03 | 심사 포인트

(1) 사전심사

【수험자 및 모델의 복장】
① 수험자와 모델이 규정에 맞는 복장을 하고 있는가?
② 수험자와 모델이 불필요한 액세서리 등을 착용하고 있지 않는가?

【테이블 세팅】
① 시술에 필요한 준비목록이 모두 구비되어 있는가?
② 과제에 불필요한 도구 및 재료가 세팅되어 있지 않는가?
③ 작업 테이블이 위생적으로 정리되어 있는가?
④ 위생이 필요한 도구를 적절하게 소독하였는가?

(2) 본심사

【시술 순서 및 숙련도】
① 시술 순서가 잘못되지 않았는가?
② 전체 과정을 얼마나 능숙하게 작업하였는가?

【베이스 메이크업】
① 모델의 피부톤에 적합한 메이크업 베이스를 선택하여 얇고 고르게 발랐는가?
② 모델의 피부톤에 맞춰 결점을 커버하여 깨끗하게 피부 표현을 하였는가?
③ 셰이딩과 하이라이트로 윤곽을 수정한 후 파우더로 매트하게 마무리하였는가?

【아이브로】
① 눈썹은 브라운색으로 시작하여 검정색으로 자연스럽게 연결되도록 표현하였는가?
② 모델의 얼굴형을 고려하여 도면과 같이 부드러운 곡선의 동양적인 눈썹으로 표현하였는가?

【아이섀도】
① 눈썹뼈를 흰색으로 하이라이트를 주어 입체감 있는 눈매를 연출하였는가?
② 연분홍색 아이섀도를 사용하여 눈두덩을 그라데이션 하였는가?
③ 눈꼬리 부분과 언더라인을 마젠타 컬러로 포인트를 주고 상승형으로 표현하였는가?

【아이라인】
검정색 아이라이너를 사용하여 도면과 같이 그리고 언더라인은 펜슬 또는 아이섀도로 마무리하였는가?

【속눈썹】
① 뷰러를 이용하여 자연 속눈썹을 컬링하였는가?
② 마스카라 후 검정색의 짙은 인조 속눈썹을 사용하여 끝부분이 처지지 않도록 상승형으로 붙였는가?

【볼】
핑크색으로 광대뼈를 감싸듯 화사하게 표현하였는가?

【입술】
레드 컬러의 립라이너를 사용하여 립 안쪽으로 그라데이션을 하고 핑크가 가미된 레드 컬러로 블렌딩하였는가?

【기타】
블랙 펜슬 또는 블랙 아이라이너를 사용하여 귀밑머리를 자연스럽게 그렸는가?

【완성도】
① 전체적인 완성도 체크
② 작업 종료 후 정리정돈을 잘 하였는가?

04 | 과제 요구사항

메이크업 베이스
- 모델 피부톤에 적합한 메이크업 베이스를 선택하여 얇고 고르게 펴바름
- 모델 피부톤에 맞춰 결점을 커버하여 깨끗한 피부를 표현
- 셰이딩과 하이라이트로 윤곽 수정 후 핑크 파우더로 매트하게 마무리

눈썹
브라운색으로 시작하여 검정색으로 자연스럽게 연결되도록 표현

치크
핑크색으로 광대뼈를 감싸듯 화사하게 표현

립
레드컬러의 립라이너를 이용하여 립 안쪽으로 그라데이션하고, 핑크가 가미된 레드색의 립컬러로 블렌딩

아이섀도
- 눈썹 뼈에 흰색으로 하이라이트를 주어 입체감 있는 눈매를 연출
- 연분홍색 아이섀도를 이용하여 눈두덩을 그라데이션
- 눈꼬리 부분과 언더라인을 마젠타컬러로 포인트를 주고 도면과 같이 상승형으로 표현

아이라인
검정색 아이라이너를 사용하여 도면과 같이 그리고 언더라인은 펜슬 또는 아이섀도로 마무리

아이컬링 및 인조 속눈썹
- 뷰러로 자연 속눈썹을 컬링
- 마스카라 후 검정색의 짙은 인조 속눈썹을 사용하여 끝부분이 처지지 않도록 상승형으로 부착

기타
블랙 펜슬 또는 블랙 아이라이너를 이용하여 귀밑머리를 자연스럽게 표현

05 | 작업대 세팅

| 작업대 세팅 시 주의사항 |
- 시험 전 메이크업 도구관리 체크리스트에 따라 사전점검 작업을 실시한다.
- 시험 도중에는 도구나 재료를 꺼낼 수 없으므로 모든 재료가 세팅되었는지 다시 한번 체크한다.

준비물 꼭 챙기세요!

01. 아이섀도 팔레트
02. 립 팔레트
03. 더블 콤팩트
04. 치크(핑크, 오렌지)
05. 팔레트
06. 소프트 파운데이션 (화이트, 살색, 브라운)
07. 페이스 파우더(핑크)
08. 페이스 파우더(베이지)
09. 젤 아이라인

10. 금색펄 피그먼트
11. 아쿠아컬러
12. 인조 속눈썹
13. 속눈썹 풀
14. 컨실러
15. 파운데이션(샤이닝 베이지)
16. 파운데이션(다크 베이지)
17. 메이크업 베이스(핑크)
18. 리퀴드 파운데이션(내추럴 베이지)

19. 메이크업 베이스(그린)
20. 메이크업용 브러시세트, 뷰러
21. 아이브로 펜슬(화이트, 블랙, 브라운) 립펜슬(레드, 브라운) 마스카라 아이라인
22. 분첩, NRG사각퍼프
23. 물통
24. 미용솜

25. 스파출라, 눈썹가위, 족집게
26. 소독제
27. 면봉

본심사

01 | 소독 및 위생

1 수험자의 손 소독하기

화장솜(탈지면)에 소독제(안티셉틱)를 2~3회 뿌려 양손을 번갈아가며 양 손 등, 손바닥, 손가락 사이를 꼼꼼히 닦아낸 후 위생봉투에 버린다.

2 도구 소독하기

스파출라, 속눈썹 가위, 족집게, 눈썹칼, 플레이트판 등의 도구를 소독제로 소독한다.

02 | 베이스 메이크업

1 메이크업 베이스

1　모델의 피부톤에 적합한 메이크업 베이스를 플레이트판에 적당량을 덜어낸다.

2　얼굴 전체에 적당량을 콕콕 찍듯 얹어준 후 브러시를 이용하여 얇고 고르게 펴 바른다.

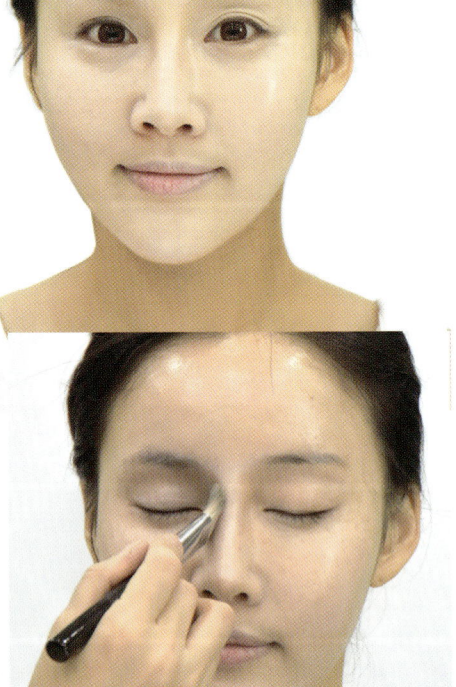

2 파운데이션

1 모델의 피부톤에 맞춰 결점을 커버하여 깨끗하게 피부 표현을 한다.

2 땀에 잘 견디는 스틱 타입의 파운데이션을 얼굴 전체에 골고루 펴 바른다.

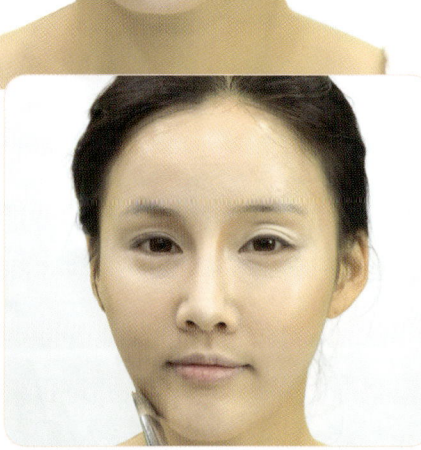

모델의 피부 톤에 맞는 컨실러로 다크서클, 붉은 반점, 여드름, 기미, 굵힌 상처자국이나 코 옆주름 등을 커버하여 깨끗한 피부를 연출한다.

하이라이트 및 셰이딩

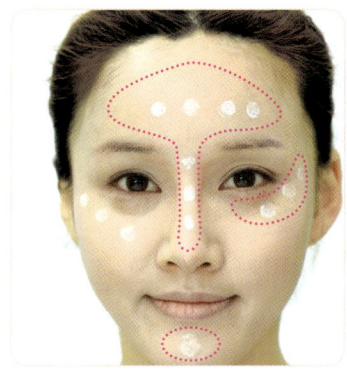

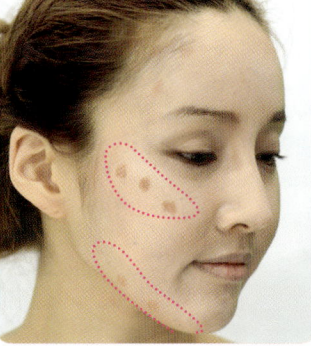

1 T존 부위와 Y존 부위에 하이라이트를 주어 콧대와 얼굴의 윤곽을 살려준다. 코벽, 턱선, 헤어라인에 셰이딩을 주어 윤곽 수정을 자연스럽게 표현한다.

2 코벽, 턱선, 볼뼈, 헤어라인에 셰이딩을 주어 윤곽 수정을 자연스럽게 표현한다.

하이라이트 색상

셰이딩 색상

③ 파우더

핑크 파우더를 피부에 잘 밀착되도록 솜털 사이사이에 파우더가 스며들어 보송보
송한 느낌이 나게 꼼꼼히 매트하게 바른다.

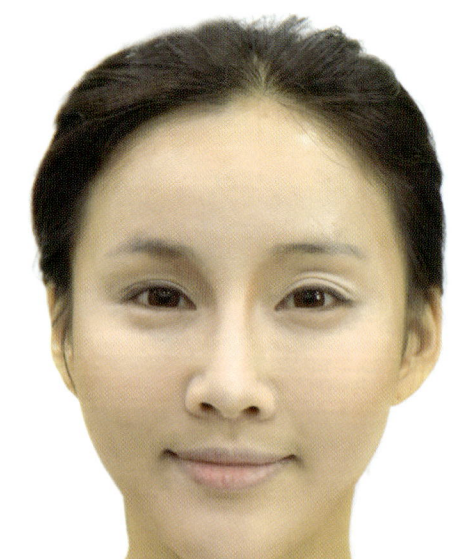

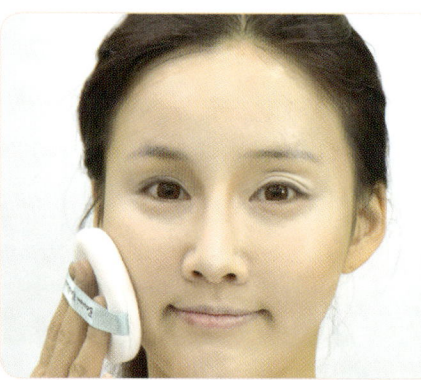

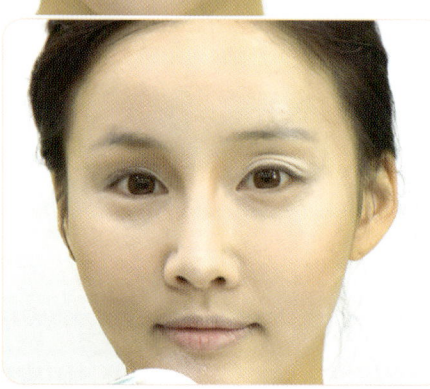

03 | 아이브로

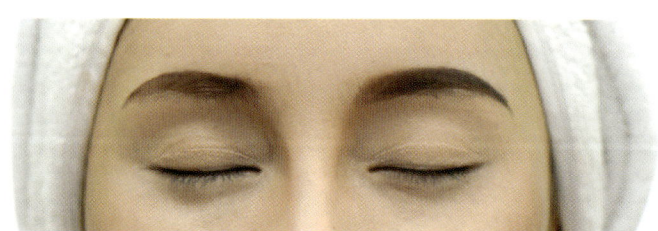

눈썹 중간지점은 검정색과 브라운을 믹스하여
자연스러운 그라데이션을 표현한다.

1 브라운 팬슬을 사용하여 부드러운 곡선의 아치형 눈썹의 모양을 표현한다.

2 눈썹 앞머리를 브라운색으로 시작하여 눈썹 꼬리를 블랙으로 자연스럽게 연결되도록 표현한다.

3 스크루 브러시로 눈썹 결대로 빗어주어 톤을 부드럽고 일정하게 조절한다.

04 | 아이섀도

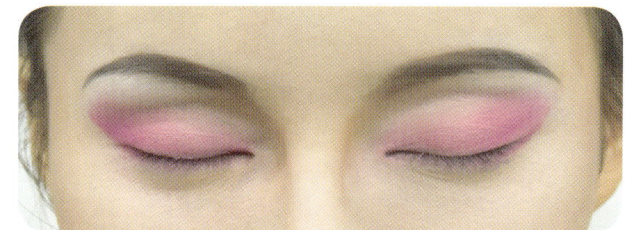

1 눈썹뼈를 흰색으로 하이라이트를 주어 입체감 있는 눈매를 표현한다.

2 아이섀도 브러시를 사용하여 눈두덩을 연분홍색 아이섀도로 자연스럽게 그라데이션을 해준다.

3 마젠타 컬러로 눈꼬리 부분과 언더라인에 포인트 브러시를 세워 가늘게 살짝 덧발라 포인트를 주고 상승형이 되게 표현한다.

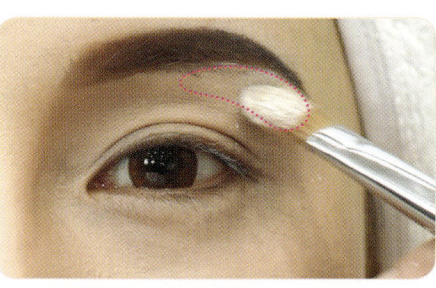
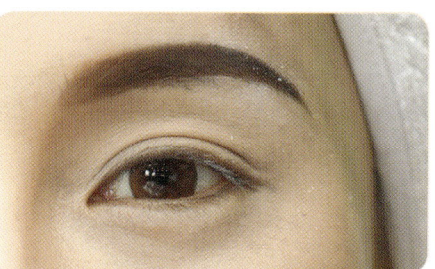
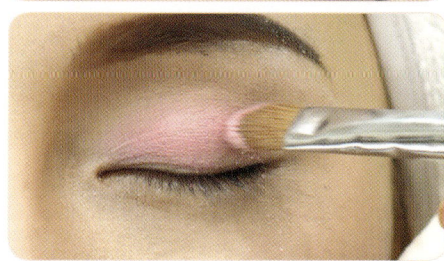
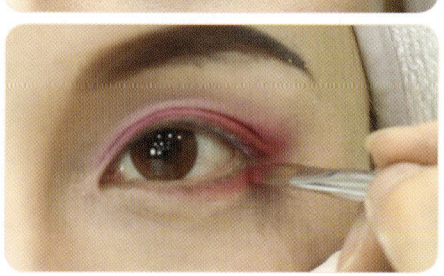

05 | 아이라인

젤 타입의
블랙 아이라이너

1 검정색 리퀴드 타입이나 케이크 타입 아이라이너를 사용하여 브러시를 콧볼 끝과 눈꼬리 끝을 기준으로 사선으로 45° 정도의 상승형으로 깔끔한 느낌으로 그려준다.

2 언더라인은 펜슬 또는 아이섀도로 마무리한다.

06 | 자연 속눈썹 컬링 및 인조 속눈썹 붙이기

1 뷰러를 이용하여 자연 속눈썹을 컬링한 후 마스카라를 발라 마무리 컬링을 한다.

2 검정색의 짙은 인조 속눈썹을 끝부분이 처지지 않도록 상승형으로 붙인다.

인조 속눈썹 끝부분이 처지지 않도록 주의한다.

07 | 치크

블러셔 브러시를 사용하여 핑크색으로 광대뼈를 감싸듯 사선 방향으로 화사하게 표현한다.

08 | 립

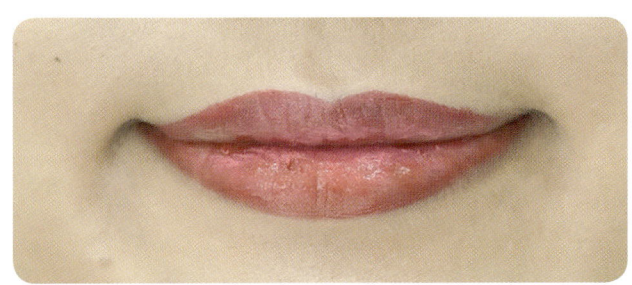

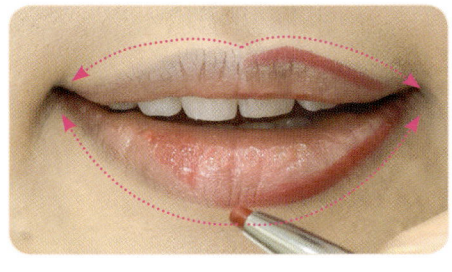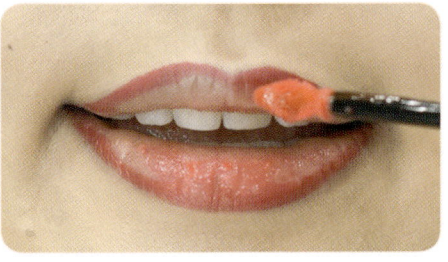

1 레드 컬러의 립라이너를 사용하여 곡선 형태로 깨끗하게 바른 후 립 안쪽으로 그라데이션을 한다.

2 핑크가 가미된 레드색의 립컬러로 블렌딩한다.

09 | 귀밑머리 그리기

블랙 펜슬 또는 블랙 아이라이너를 사용하여 손가락 두 마디 정도의 길이로 모델의 얼굴을 고려하여 광대뼈 아래로 굴린 사선 모양으로 귀밑머리를 자연스럽게 그린다.

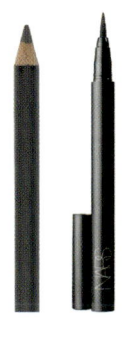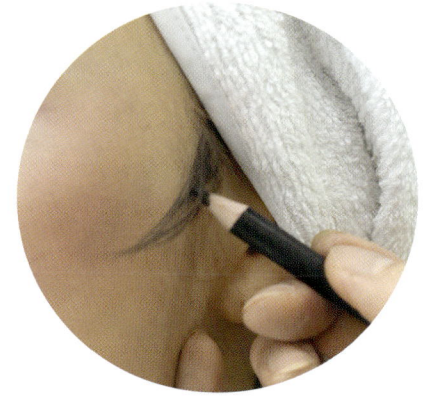

10 | 마무리

사용한 재료와 도구는 모두 제자리에 정리하고 작업대 위를 깔끔하게 정리한다.

before | after
-front

after | after
-side | -left side

BALLET MAKEUP

발 레 무 용 메 이 크 업

50 min

배점 25

Makeup Artist Certification

01 | 과제개요

베이스 메이크업	눈썹	눈	볼	입술	배점	작업시간
• 핑크 파우더	• 다크 브라운 + 검정 • 갈매기 형태	• 핑크, 퍼펄 • 흰색 • 아쿠아블루	핑크색	• 로즈색 • 핑크색	25점	50분

02 | 심사기준

구분	사전심사	시술순서 및 숙련도						완성도
		소독	베이스 메이크업	눈썹	눈	볼	입술	
배점	2	3	3	3	4	3	3	4

03 | 심사 포인트

(1) 사전심사

【수험자 및 모델의 복장】
① 수험자와 모델이 규정에 맞는 복장을 하고 있는가?
② 수험자와 모델이 불필요한 액세서리 등을 착용하고 있지 않는가?

【테이블 세팅】
① 시술에 필요한 준비목록이 모두 구비되어 있는가?
② 과제에 불필요한 도구 및 재료가 세팅되어 있지 않는가?
③ 작업 테이블이 위생적으로 정리되어 있는가?
④ 위생이 필요한 도구를 적절하게 소독하였는가?

(2) 본심사

【시술 순서 및 숙련도】
① 시술 순서가 잘못되지 않았는가?
② 전체 과정을 얼마나 능숙하게 작업하였는가?

【베이스 메이크업】
① 모델의 피부톤에 적합한 메이크업 베이스를 선택하여 얇고 고르게 발랐는가?
② 모델의 피부톤에 맞춰 결점을 커버하여 깨끗하게 피부 표현을 하였는가?
③ 셰이딩과 하이라이트로 윤곽을 수정한 후 핑크 파우더로 매트하게 마무리하였는가?

【아이브로】
① 눈썹은 다크 브라운색으로 시작하여 검정색으로 자연스럽게 연결되도록 표현하였는가?
② 모델의 얼굴형을 고려하여 갈매기 형태로 그렸는가?

【아이섀도】
① 눈썹뼈를 흰색으로 하이라이트를 주어 입체감 있는 눈매를 연출하였는가?
② 아이홀은 핑크와 퍼플컬러를 이용하여 그라데이션을 하고 홀의 안쪽은 흰색으로 채워 표현하였는가?
③ 아쿠아 블루 컬러로 속눈썹 라인을 따라 포인트를 주었는가?
④ 아쿠아 블루 컬러로 언더라인을 눈과 일정한 간격을 두고 그린 후 흰색을 넣어 눈이 커 보이도록 표현하였는가?

【아이라인】
검정색 아이라이너를 사용하여 아이라인과 언더라인을 길게 그렸는가?

【속눈썹】
① 뷰러를 이용하여 자연 속눈썹을 컬링하였는가?
② 마스카라 후 검정색의 짙은 인조 속눈썹을 사용하여 끝부분이 처지지 않도록 상승형으로 붙였는가?

【볼】
핑크색으로 광대뼈를 감싸듯 화사하게 표현하였는가?

【입술】
로즈 컬러의 립라이너를 사용하여 립 안쪽으로 그라데이션을 하고 핑크 컬러로 블렌딩하였는가?

【완성도】
① 전체적인 완성도 체크
② 작업 종료 후 정리정돈을 잘 하였는가?

04 | 과제 요구사항

메이크업 베이스
- **모델의 피부톤에 적합**한 메이크업 베이스를 선택하여 얇고 고르게 펴바름
- 모델의 피부톤에 맞춰 결점을 커버하여 깨끗하게 피부를 표현
- 셰이딩과 하이라이트로 윤곽을 수정한 후 **핑크 파우더**로 매트하게 마무리

눈썹
- **다크 브라운색**으로 시작하여 **블랙**으로 자연스럽게 연결되도록 표현
- 모델의 얼굴형을 고려하여 갈매기 형태로 표현

치크
핑크색으로 광대뼈를 감싸듯 화사하게 표현

립
로즈컬러의 립라이너를 이용하여 립 안쪽으로 그라데이션하고, **핑크색 립**으로 블렌딩

아이섀도
- 눈썹 뼈에 **흰색**으로 하이라이트를 주어 입체감 있는 눈매 표현
- 아이홀은 **핑크**와 **퍼플컬러**를 이용하여 그라데이션을 주고 홀 안쪽은 **흰색**으로 채워 표현
- 속눈썹 라인을 따라 **아쿠아 블루색**으로 포인트를 주고 언더라인도 같은 색으로 눈과 일정한 간격을 두고 그린 후 **흰색**을 넣어 눈이 크게 보이도록 표현

아이라인
검정색 아이라이너를 사용하여 도면과 같이 아이라인과 언더라인을 길게 표현

아이컬링 및 인조 속눈썹
- 뷰러로 자연 속눈썹을 컬링
- 마스카라를 바르고 검정색의 인조 속눈썹을 사용하여 끝부분이 처지지 않도록 상승형으로 부착

05 | 작업대 세팅

작업대 세팅 시 주의사항
- 시험 전 메이크업 도구관리 체크리스트에 따라 사전점검 작업을 실시한다.
- 시험 도중에는 도구나 재료를 꺼낼 수 없으므로 모든 재료가 세팅되었는지 다시 한번 체크한다.

준비물 꼭 챙기세요!

01. 아이섀도 팔레트
02. 립 팔레트
03. 더블 콤팩트
04. 치크(핑크, 오렌지)
05. 팔레트
06. 소프트 파운데이션 (화이트, 살색, 브라운)
07. 페이스 파우더(핑크)
08. 페이스 파우더(베이지)
09. 젤 아이라인
10. 금색펄 피그먼트
11. 아쿠아컬러
12. 인조 속눈썹
13. 속눈썹 풀
14. 컨실러
15. 파운데이션(샤이닝 베이지)
16. 파운데이션(다크 베이지)
17. 메이크업 베이스(핑크)
18. 리퀴드 파운데이션(내추럴 베이지)
19. 메이크업 베이스(그린)
20. 메이크업용 브러시세트, 뷰러
21. 아이브로 펜슬(화이트, 블랙, 브라운) 립펜슬(레드, 브라운) 마스카라 아이라인
22. 분첩, NRG사각퍼프
23. 물통
24. 미용솜
25. 스파출라, 눈썹가위, 족집게
26. 소독제
27. 면봉

본심사

01 | 소독 및 위생

1 수험자의 손 소독하기

화장솜(탈지면)에 소독제(안티셉틱)를 2~3회 뿌려 양손을 번갈아가며 양 손
등, 손바닥, 손가락 사이를 꼼꼼히 닦아낸 후 위생봉투에 버린다.

2 도구 소독하기

스파출라, 속눈썹 가위, 족집게, 눈썹칼, 플레이트판 등의 도구를 소독제로
소독한다.

02 | 베이스 메이크업

1 메이크업 베이스

1 모델의 피부톤에 적합한 메이크업 베이스를 플레이트판에 적당량을 덜어낸다.

2 얼굴 전체에 적당량을 콕콕 찍듯 얹어준 후 브러시를 이용하여 얇고 고르게
펴 바른다.

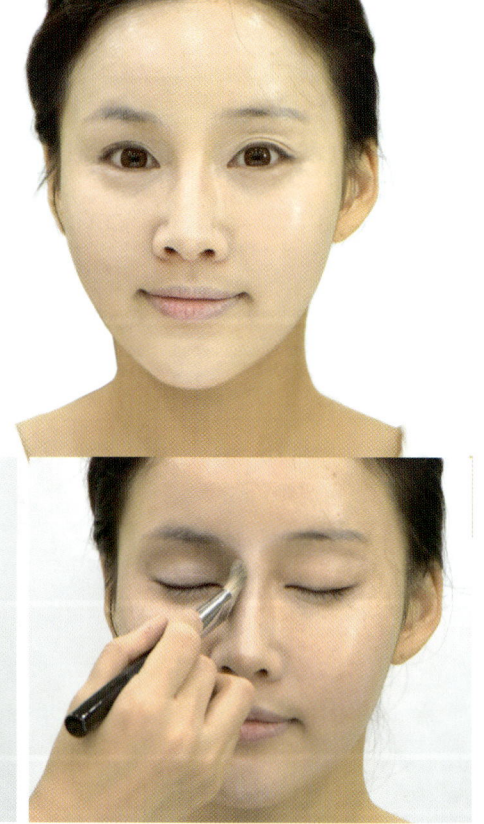

2 파운데이션

1 모델의 피부톤에 맞춰 결점을 커버하여 깨끗하게 피부 표현을 한다.

2 땀에 잘 견디는 스틱 타입의 파운데이션을 얼굴 전체에 골고루 펴 바른다.

피부톤에 적합한 색상을 선택한다.

모델의 피부톤에 적합한 색상을 선택하여 얇고 고르게 펴바른 후, 피부톤에 맞는 리퀴드 타입 컨실러로 다크서클, 붉은 반점, 여드름, 기미, 긁힌 상처자국이나 코 옆주름 등을 커버하여 깨끗한 피부를 연출한다.

하이라이트 및 셰이딩

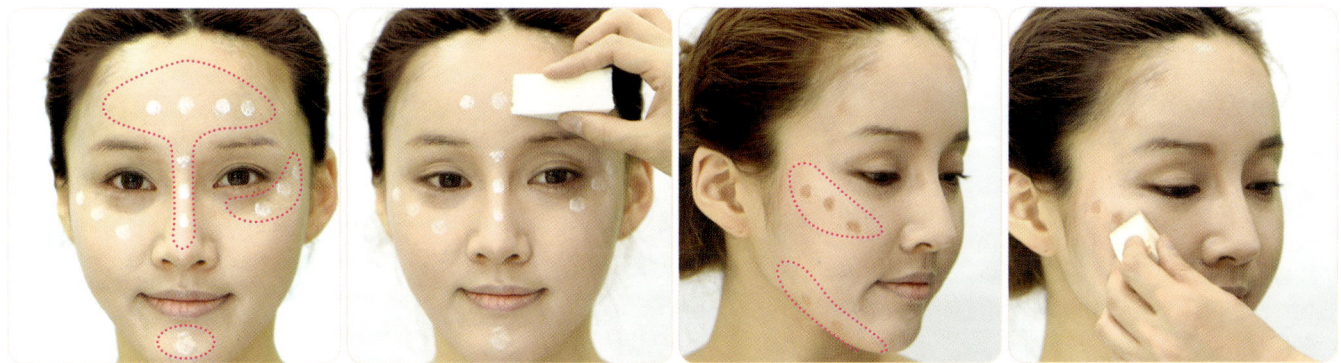

1 T존 부위와 Y존 부위에 하이라이트를 주어 콧대와 얼굴의 윤곽을 살려준다. 코벽, 턱선, 헤어라인에 셰이딩을 주어 윤곽 수정을 자연스럽게 표현한다.

2 코벽, 턱선, 볼뼈, 헤어라인에 셰이딩을 주어 윤곽 수정을 자연스럽게 표현한다.

3 파우더

핑크 파우더를 피부에 잘 밀착되도록 솜털 사이사이에 파우더가 스며들어 보송보송한 느낌이 나게 꼼꼼히 매트하게 바른다.

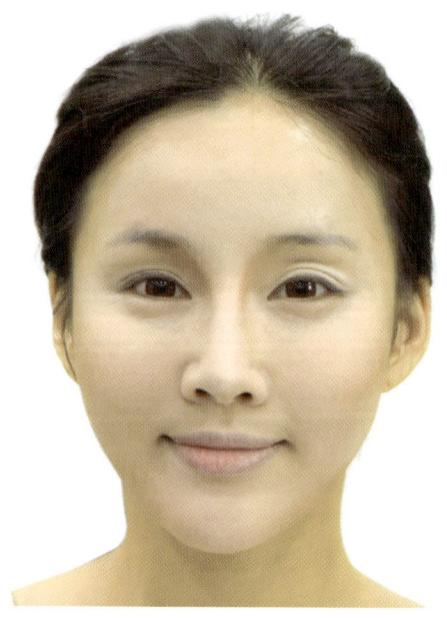

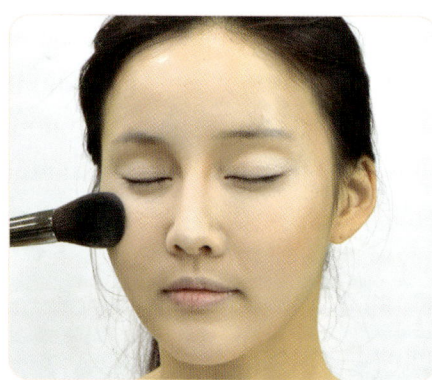

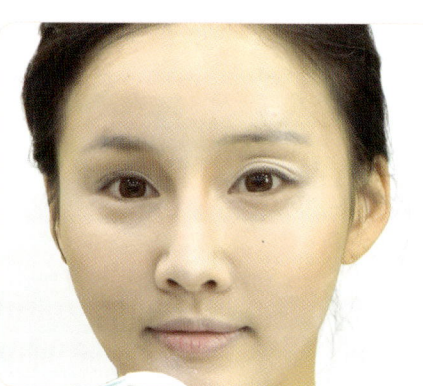

03 | 아이브로

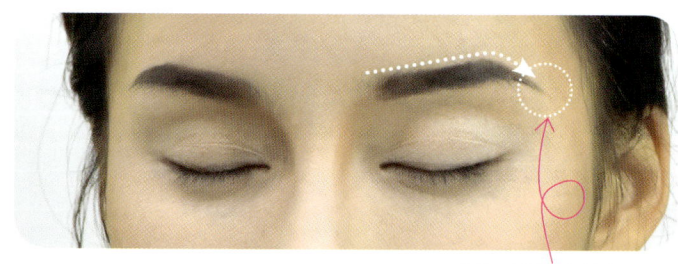

조금 더 길게 그린다.

1 눈썹머리를 다크브라운색으로 시작하여 눈썹꼬리를 블랙으로 자연스럽게 연결되도록 표현한다.

2 모델의 얼굴형을 고려하여 약간의 아치형의 두께가 있는 아웃커버 모양의 갈매기 형태로 본래의 눈썹보다 조금 더 길게 그린다.

팁 | 아이브로를 그릴 때는 콤비 펜슬, 에보니 펜슬, 아이셰도 등을 적절히 사용한다.

1 눈썹머리부터 다크브라운으로 그려
준다.

2 끝에서 눈썹산까지 검정색으로 자연
스럽게 색이 연결되도록 그려준다.

3 눈썹 산에서 눈썹 꼬리까지는 블랙으
로 갈매기 모양이 되도록 또렷하게 표
현한다.

04 | 아이섀도

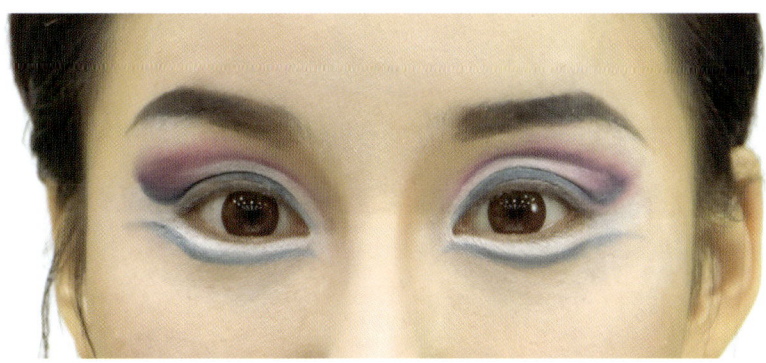

화이트
섀도

1 흰색 섀도로 눈썹뼈에 하이라이트를
주어 입체감 있는 눈매를 표현한다.

2 화이트 또는 핑크색 펜슬로 아이홀의
위치와 모양을 미리 잡아준다.

팁 | 눈을 떴을 때 아이홀 라인이 보이도록 위치를
잘 잡아준다.

3 미리 잡아준 아이홀의 위치를 따라 핑
크색 아이섀도를 사용하여 아이홀을 그
려주고, 눈꼬리는 살짝 올라간 상승형으
로 그려준다.

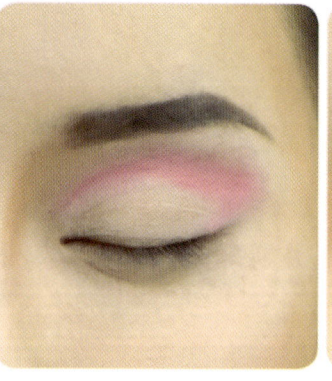

그라데이션
&퍼플칼라

4 아이홀 주위로 그라데이션을 해준다.

5 포인트 브러시를 사용하여 눈꼬리 부분 아이홀 라인에 좀더 진한 퍼플컬러로 포인트를 잡아주고 그라데이션을 한다.

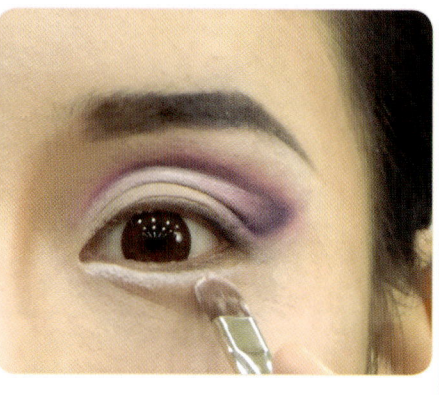

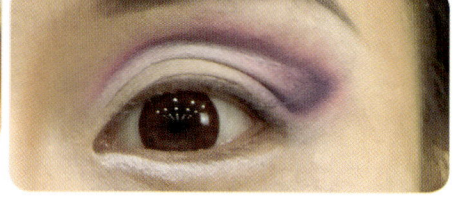

화이트
아이섀도

6 아이홀과 아이라인 사이의 아이홀 안쪽은 화이트 아이섀도로 채워 아이홀이 뚜렷하게 보이도록 표현한다.

7 언더라인에도 화이트 컬러를 넣어 눈이 커 보이는 효과를 준다.

팁 | 흰색 파운데이션으로 아이홀과 과장된 언더라인 아래쪽에 색을 발라 준 후 흰색 아이섀도를 그 위에 덧바르면 짧은 시간에 발색력을 높일 수 있다.

아쿠아블루

9 아쿠아 블루로 속눈썹 라인을 따라 포인트를 준다.

10 언더라인에도 아쿠아 블루로 눈과 일정한 간격을 두고 그려준다.

젤 타입의
블랙 아이라이너

앞머리 쪽을 그릴 때는 코벽을 살짝 잡아주고, 꼬리 부분
을 그릴 때는 눈가를 살짝 잡아주어 피부가 접히지 않고
매끈한 라인이 그려질 수 있도록 한다.

1 검정색 젤 아이라이너, 케이크 아이라이너, 라이닝 컬러 등을 사용하여 아이라인 앞
머리는 새의 부리 모양으로 뾰족하게 표현하고 아이라인 꼬리는 끝을 살짝 올려주
면서 길게 그려준다.

아이라인의 두께는 눈을 떴을 때 2~3mm 정도 보이
게 그려준다.

2 아쿠아 블루 라인 위로 검정색 아이라인을 그려주고 도면과 유사하게 아래쪽으로 과
장되게 빼준다.

3 눈 앞머리 쪽은 1개, 눈꼬리 쪽은 4개의
선을 빼주도록 한다.

06 | 자연 속눈썹 컬링 및 인조 속눈썹 붙이기

가닥이 살아있는 길고 풍성한 검정색의 짙은 인조 속눈썹을 준비한다.

모델의 속눈썹과 인조눈썹을 마스카라로 서로 잘 붙고 상승형이 되게 위로 컬링을 해 준다.

1 뷰러를 이용하여 자연 속눈썹을 컬링한다.

2 뷰러 후 마스카라를 속눈썹에 발라준다.(인조 속눈썹을 붙일 예정이므로 간단하게 바른다.)

3 인조 속눈썹을 끝부분이 처지지 않도록 상승형으로 붙인다. 그리고 아이라인을 한번 더 그려 마무리 한다.

| **감점요인** |
• 인조 속눈썹이 다소 길기 때문에 처지지 않도록 하고, 부착 시 양쪽 모두 균형을 이루도록 주의해야 한다.

07 | 치크

핑크색으로 광대뼈를 감싸듯 화사하게 표현한다.

08 | **립**

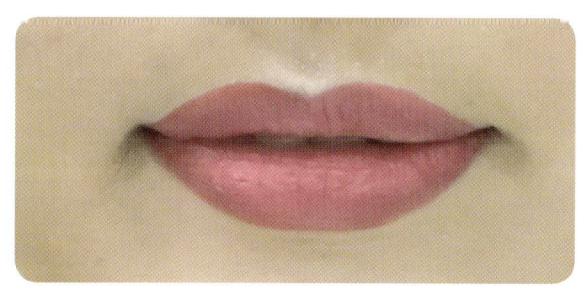

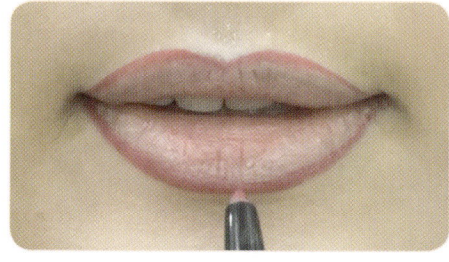

1 로즈 컬러의 립라이너를 사용하여 립 라인을 그려준 후, 립 안쪽으로 그라데 이션을 한다.

2 안쪽립은 핑크색 립컬러로 블렌딩하 여 화사하게 표현한다.

09 | **마무리**

사용한 재료와 도구는 모두 제자리에 정리하고 작업대 위를 깔끔하게 정리한다.

BALLET Makeup - finish works

before | after -front

after -side | after -left side

노인 메이크업

OLD AGE
MAKEUP

Makeup Artist Certification　50 min　배점 25

01 | 과제개요

베이스 메이크업	굴곡 및 돌출	주름	눈썹	입술	배점	작업시간
피부톤보다 어둡게	셰이딩 & 하이라이트	갈색 펜슬	회갈색	내추럴 베이지	25점	50분

02 | 심사기준

구분	사전심사	시술순서 및 숙련도						완성도
		소독	베이스 메이크업	굴곡 및 돌출	주름	눈썹	입술	
배점	2	3	3	4	4	2	3	4

03 | 심사 포인트

(1) 사전심사

【수험자 및 모델의 복장】
① 수험자와 모델이 규정에 맞는 복장을 하고 있는가?
② 수험자와 모델이 불필요한 액세서리 등을 착용하고 있지 않는가?

【테이블 세팅】
① 시술에 필요한 준비목록이 모두 구비되어 있는가?
② 과제에 불필요한 도구 및 재료가 세팅되어 있지 않는가?
③ 작업 테이블이 위생적으로 정리되어 있는가?
④ 위생이 필요한 도구를 적절하게 소독하였는가?

(2) 본심사

【시술 순서 및 숙련도】
① 시술 순서가 잘못되지 않았는가?
② 전체 과정을 얼마나 능숙하게 작업하였는가?

【베이스 메이크업】
① 모델의 피부톤에 적합한 메이크업 베이스를 발랐는가?
② 모델의 피부톤보다 한 톤 어둡게 표현하였는가?
③ 셰이딩 컬러를 사용하여 얼굴의 굴곡 부분을 자연스럽게 표현하였는가?
④ 하이라이트 컬러를 사용하여 돌출 부분을 도면과 같이 표현하였는가?
⑤ 갈색 펜슬을 사용하여 얼굴의 주름(이마, 눈가장자리와 눈밑 부위, 미간과 코 부위, 팔자주름, 입술과 구

각 주름)을 그리고 음영을 표현하여 자연스럽게 그라데이션하였는가?
⑥ 파우더로 매트하게 마무리하였는가?

【아이브로】
눈썹은 강하지 않게 회갈색을 사용하여 표현하였는가?

【입술】
① 내추럴 베이지 컬러를 사용하여 아랫입술이 윗입술보다 두껍지 않게 표현하였는가?
② 입술은 모델의 입모양을 오므려 발라 자연스러운 주름을 표현하였는가?
③ 립컬러는 내추럴 베이지를 이용하여 입술 안쪽부터 그라데이션하여 발랐는가?

【완성도】
① 전체적인 완성도 체크
② 작업 종료 후 정리정돈을 잘 하였는가?

04 | 과제 요구사항

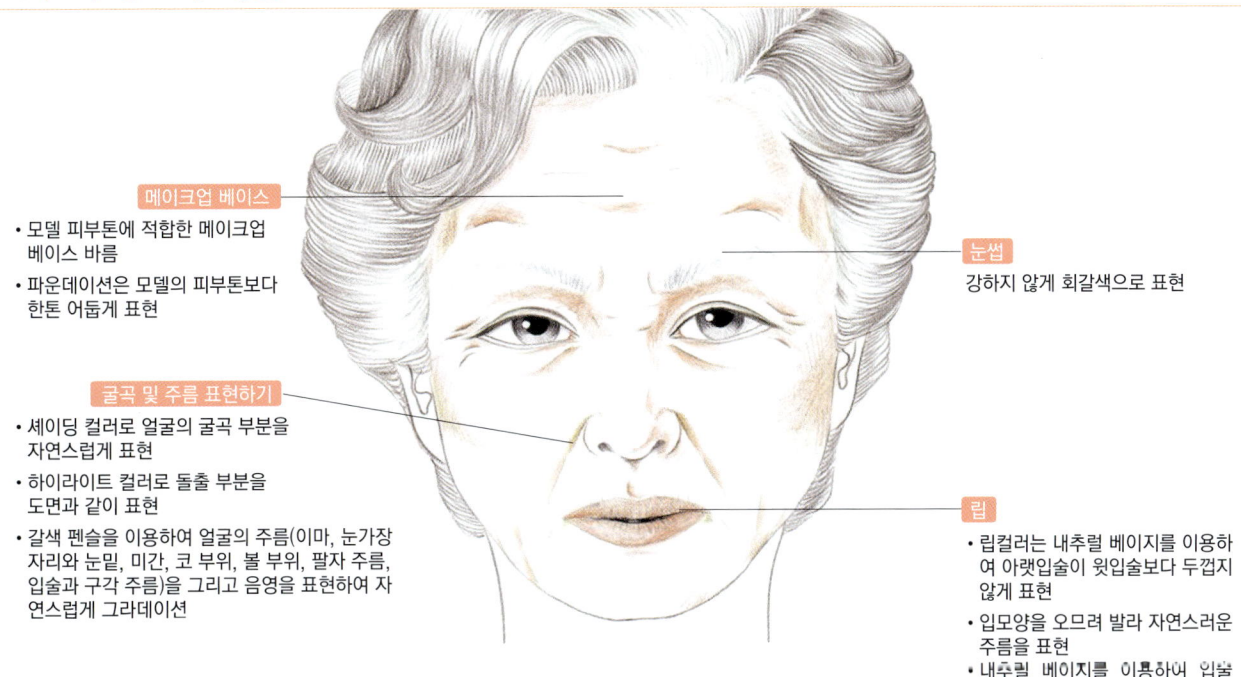

메이크업 베이스
- 모델 피부톤에 적합한 메이크업 베이스 바름
- 파운데이션은 모델의 피부톤보다 한톤 어둡게 표현

굴곡 및 주름 표현하기
- 셰이딩 컬러로 얼굴의 굴곡 부분을 자연스럽게 표현
- 하이라이트 컬러로 돌출 부분을 도면과 같이 표현
- 갈색 펜슬을 이용하여 얼굴의 주름(이마, 눈가장자리와 눈밑, 미간, 코 부위, 볼 부위, 팔자 주름, 입술과 구각 주름)을 그리고 음영을 표현하여 자연스럽게 그라데이션

눈썹

강하지 않게 회갈색으로 표현

립
- 립컬러는 내추럴 베이지를 이용하여 아랫입술이 윗입술보다 두껍지 않게 표현
- 입모양을 오므려 발라 자연스러운 주름을 표현
- 내추럴 베이지를 이용하여 입술 안쪽부터 그라데이션

05 | 작업대 세팅

| 작업대 세팅 시 주의사항 |
- 시험 전 메이크업 도구관리 체크리스트에 따라 사전점검 작업을 실시한다.
- 시험 도중에는 도구나 재료를 꺼낼 수 없으므로 모든 재료가 세팅되었는지 다시 한번 체크한다.

준비물 꼭 챙기세요!

01. 아이섀도 팔레트
02. 립 팔레트
03. 더블 콤팩트
04. 치크(핑크, 오렌지)
05. 팔레트
06. 소프트 파운데이션 (화이트, 살색, 브라운)
07. 페이스 파우더(핑크)
08. 페이스 파우더(베이지)
09. 젤 아이라인

10. 금색펄 피그먼트
11. 아쿠아컬러
12. 인조 속눈썹
13. 속눈썹 풀
14. 컨실러
15. 파운데이션(샤이닝 베이지)
16. 파운데이션(다크 베이지)
17. 메이크업 베이스(핑크)
18. 리퀴드 파운데이션(내추럴 베이지)

19. 메이크업 베이스(그린)
20. 메이크업용 브러시세트, 뷰러
21. 아이브로 펜슬(화이트, 블랙, 브라운)
    립펜슬(레드, 브라운)
    마스카라
    아이라인
22. 분첩, NRG사각퍼프
23. 물통
24. 미용솜

25. 스파출라, 눈썹가위, 족집게
26. 소독제
27. 면봉

본심사

01 | 소독 및 위생

1 수험자의 손 소독하기

화장솜(탈지면)에 소독제(안티셉틱)를 2~3회 뿌려 양손을 번갈아가며 양 손
등, 손바닥, 손가락 사이를 꼼꼼히 닦아낸 후 위생봉투에 버린다.

2 도구 소독하기

스파츌라, 속눈썹 가위, 족집게, 눈썹칼, 플레이트판 등의 도구를 소독제로
소독한다.

02 | 베이스 메이크업

1 메이크업 베이스

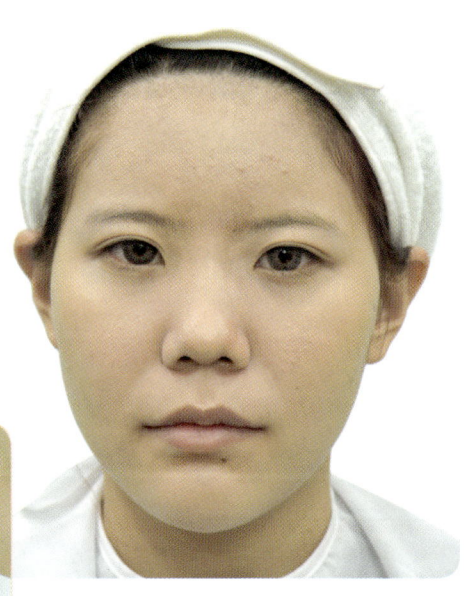

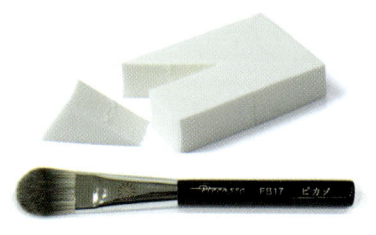

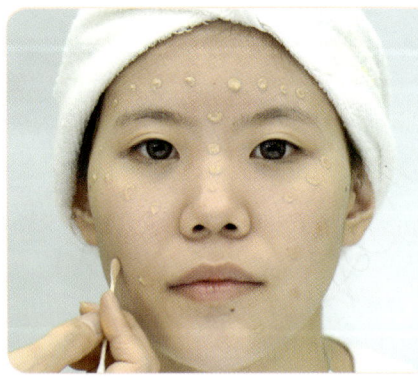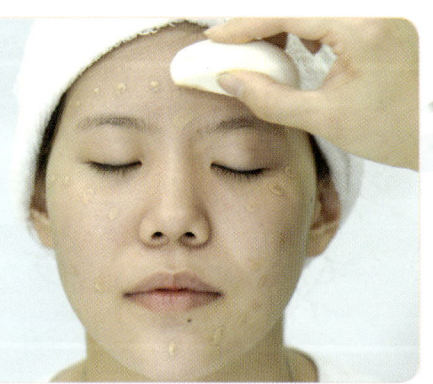

1 모델의 피부톤에 적합한 메이크업 베
   이스를 플레이트판에 적당량을 덜어
   낸다.

2 얼굴 전체에 적당량을 콕콕 찍듯 얹어
   준 후 브러시를 이용하여 얇고 고르게
   펴 바른다.

모델의 피부톤보다 한 톤 정도 어두운 파운데이션을 가볍게 발라준다.

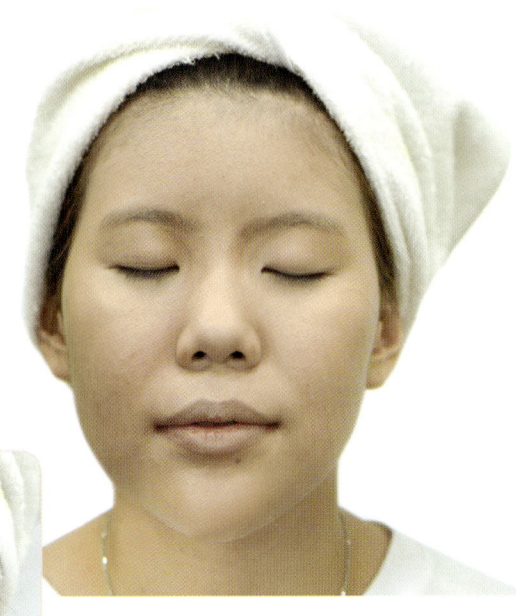

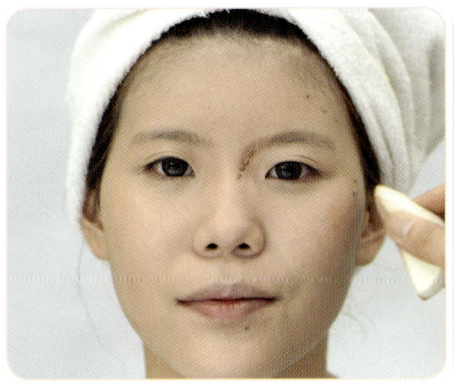

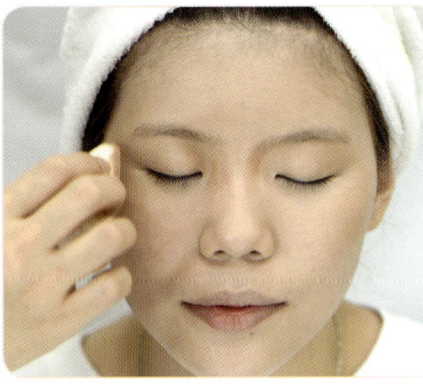

| Checkpoint | 파운데이션을 너무 곱게 펴 바르면
젊어 보일 수 있으므로 가볍게 바르도록 한다.

03 | 굴곡 표현하기

노인의 피부는 연령에서 오는 피부의 굴곡이 나타나며, 이는 셰이딩과 하이
라이트 컬러로 표현할 수 있다.

셰이딩 컬러로 라텍스 스펀지, 손 또는 파운데이션 브러시 등을 사용하여 이
마 옆, 눈썹뼈 윗부분, 관자놀이, 아이홀, 눈밑 처짐, 광대뼈 아랫부분, 입술
구각, 입술 밑, 턱 윗부분, 볼처짐 등을 자연스럽게 표현한다.

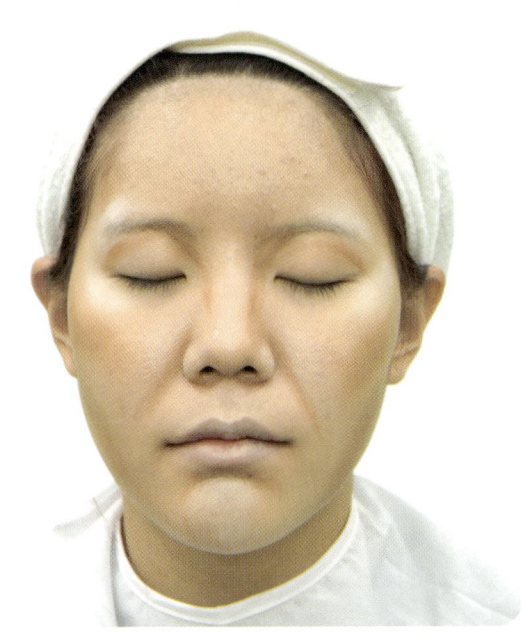

1 셰이딩 표현

셰이딩 색상 피부톤보다 두 톤 정도 어두운 셰이딩 컬러로 라텍스 스펀지, 손 또는 파운데이션 브러시 등을 사용하여 이마 옆, 눈썹뼈 윗부분, 관자놀이, 아이홀, 눈밑 처짐, 광대뼈 아랫부분, 입술 구각, 입술 밑, 턱 윗부분, 볼처짐 등 뼈의 굴곡지는 부분과 처져보이는 부분을 자연스럽게 표현한다.

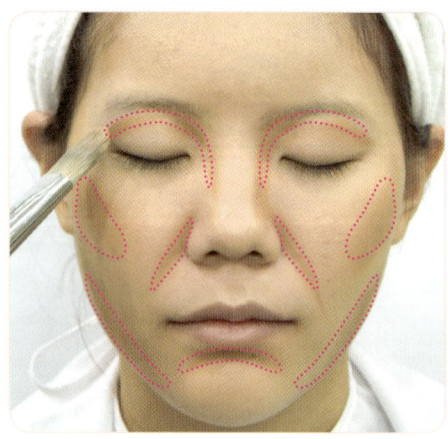
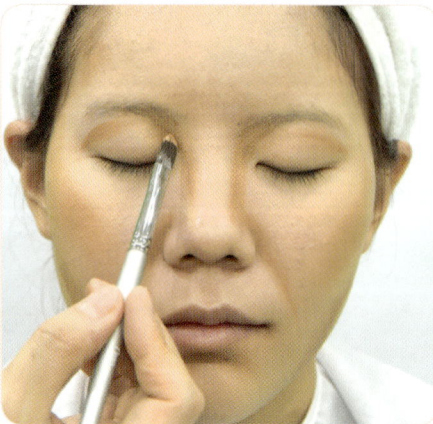
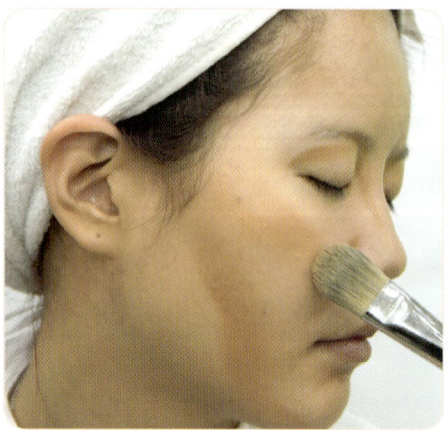

2 하이라이트 표현

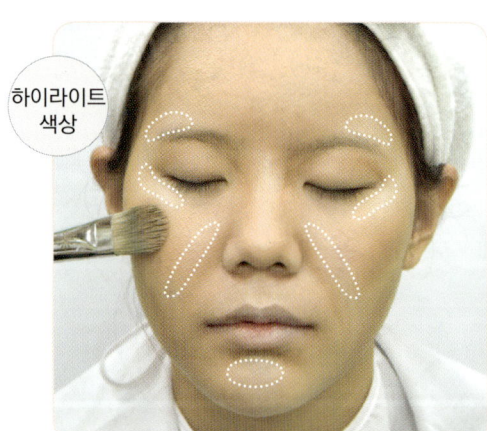

하이라이트 색상

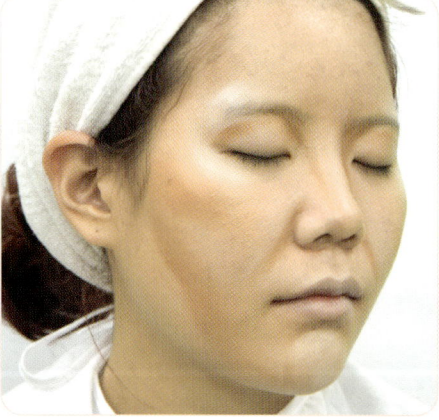
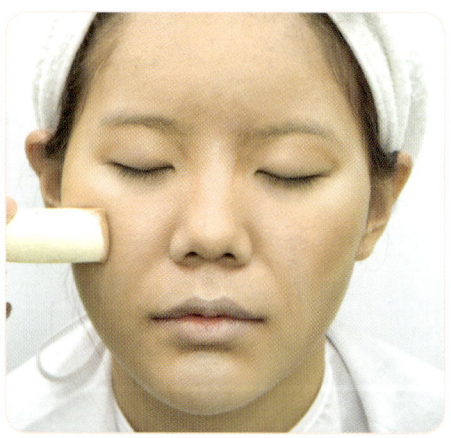

1 하이라이트 컬러를 사용하여 눈썹뼈, 콧등, 광대뼈, 턱 등 돌출 부분을 밝게 표현한다.

2 광대뼈 아래에서 밑으로 그라데이션하여 터치한다.

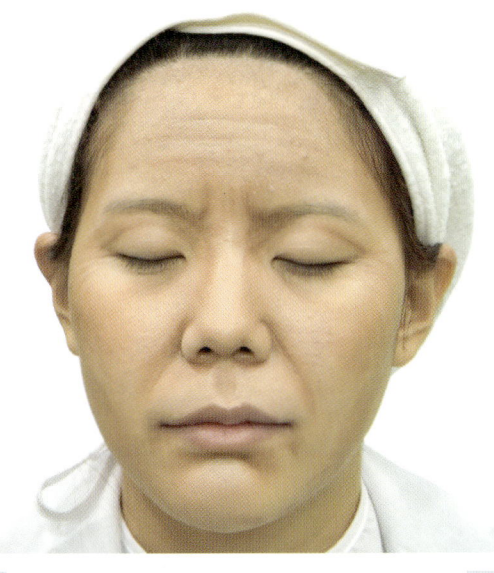

※주름 표현 방법

- 얼굴의 주름은 갈색 펜슬을 이용해서 표현한다.
- 주름이 시작되는 곳은 굵고 진하게, 끝나는 곳은 점점 가늘고 연하게 그라데이션한다.
- 주름은 대부분 끝이 아래로 처져있는 특징이 있으므로 모델의 근육 방향을 고려하여 선이 위로 올라가게 표현되지 않도록 주의한다.
- 주름의 음영이 들어가는 부분 위로는 하이라이트가 들어가므로 주름의 경계선이 진해지지 않게 경계부분을 자연스럽게 그라데이션하면서 표현한다.

참고 | **부위별 주름 깊이**
- 가장 깊은 주름 : 코 옆, 이마
- 중간 깊이 주름(깊은 주름보다 조금 가늘고 연하게 표현) : 눈 밑, 미간사이 팔자, 구각 옆
- 옅은 주름(주름 중 가장 가늘고 연하게 표현) : 눈가, 콧등, 입가

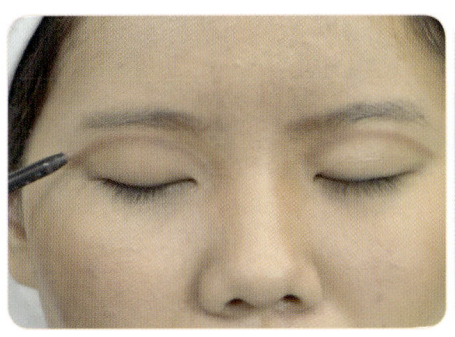

1 눈썹뼈 및 눈두덩이 부분에 아이홀 주름을 표현한다.

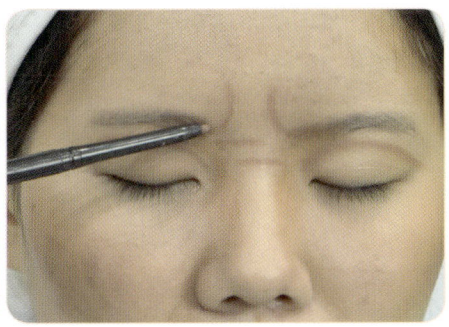

2 눈썹 앞머리 앞부분과 콧등 위부분에 미간 주름을 표현한다.

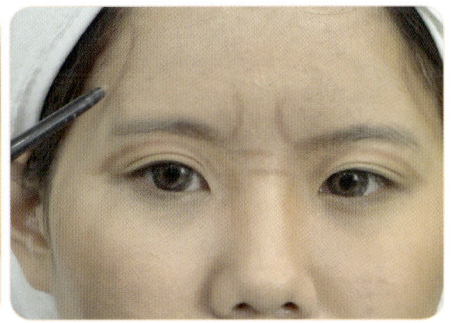

3 눈썹뼈 위 이마 관자놀이 부분에 움푹 들어가 보이도록 굴곡의 형태를 표현한다.

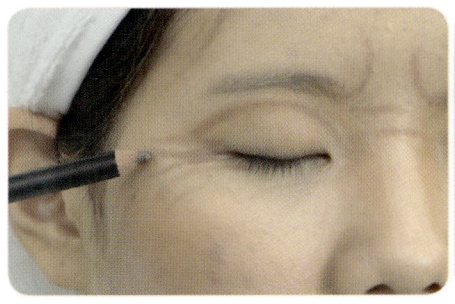

4 본인이 가지고 있는 주름 라인에 따라 눈꼬리 주름을 2~5개 정도 표현한다.

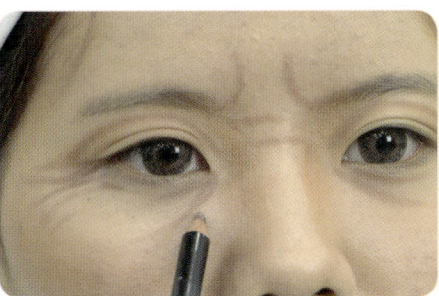

5 눈밑 주름을 표현한다.

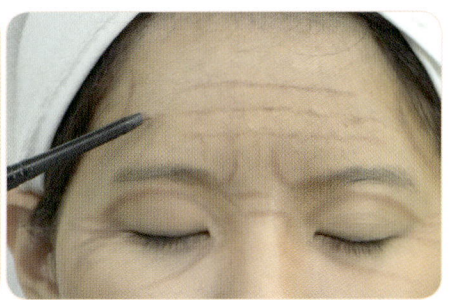

6 이마의 주름을 그린다.

팁 | 도면의 모델과 같이 3개인 경우 길이가 같으면 부자연스러우므로 가운데 주름을 가장 길고 굵게 그리고, 아래 주름은 위 주름보다 짧게, 맨 위 주름은 가장 짧고 가늘게 그린다.

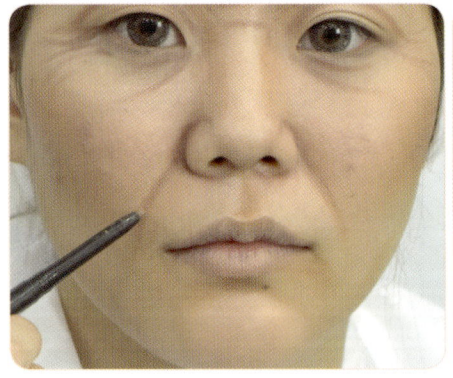

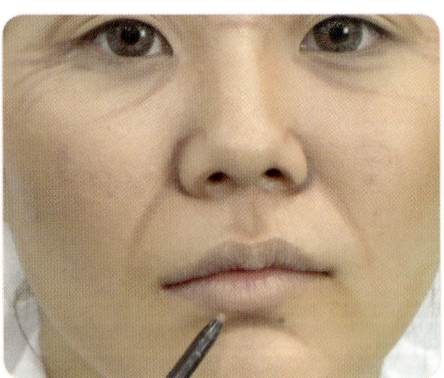

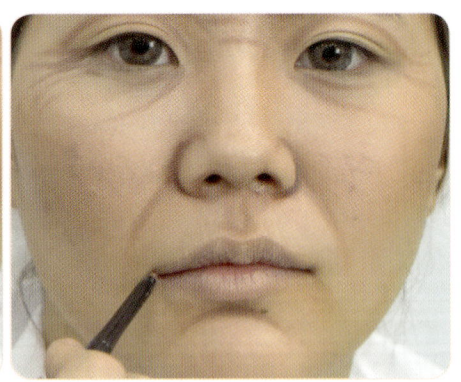

7 코 옆 주름을 가볍게 쓸어주며 본인이 가지고 있는 주름 방향에 맞춰 입구각을 감싸듯이 자연스러운 주름의 위치와 모양이 되도록 표현한다

8 입술 아랫부분 밑이 움푹 들어가 보이게 음영을 준다.

9 구각 옆주름과 인중 안쪽에도 갈색을 입혀 입술 구각을 처진 듯이 주름의 깊이 감을 표현한다.

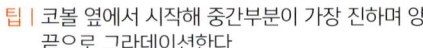
팁 | 코볼 옆에서 시작해 중간부분이 가장 진하며 양 끝으로 그라데이션한다.

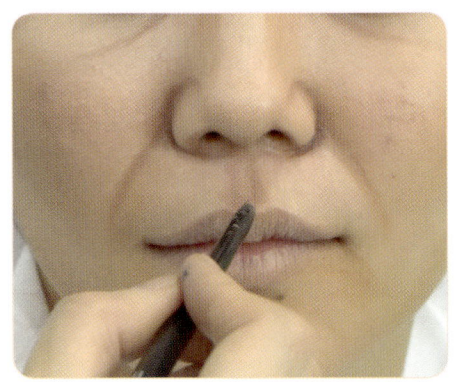

참고 | **주름의 위치를 파악하기**
모델에게 얼굴을 찡그려 달라고 하면 주름의 위치와 방향을 쉽게 파악할 수 있다.

10 인중에도 입체감을 표현하고, 턱 주름을 표현한다.

파우더
파우더로 매트하게 마무리한다.

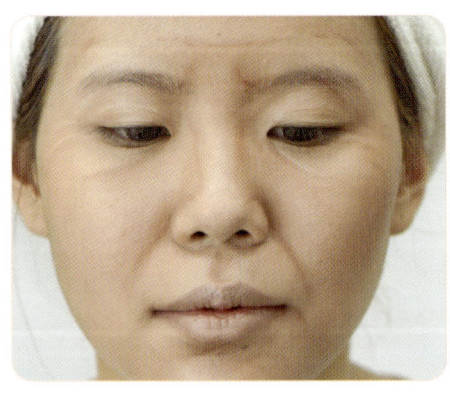

팁 | 관자놀이 부분, 코벽, 눈두덩 아이홀 부분, 입구각 처짐, 광대뼈 아랫부분, 인중 등에 섀도를 바르고 얼굴 중심부에서 가장자리로 갈수록 자연스럽게 그라데이션한다.

11 주름에 자연스러운 입체감을 나타내 주기 위해 흰색 크림 파운데이션으로 위와 같이 주름진 선 아래로 선을 그린 후 그라데이션하여 자연스럽게 나타내 준다.

05 | 아이브로

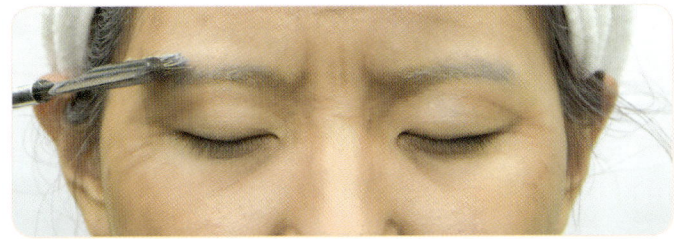 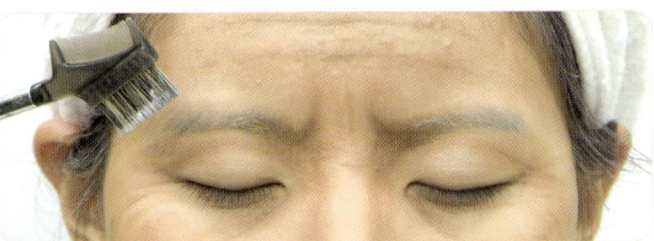

1 회갈색을 사용하여 강하지 않게 표현하는데, 눈썹솔로 형태만 잡아 주거나 빈 부분이 많을 경우 에보니 펜슬로 빈 부분만 살짝 채워준다.

2 스크루 브러시나 눈썹 브러시 솔 부분으로 밝은 회색 라이닝 컬러를 묻혀 눈썹을 가볍게 좌우로 빗으며 색을 입혀주어 희끗한 노인의 눈썹을 표현한다.

06 | 립

| Checkpoint | 아랫입술이 윗입술보다 두껍지 않도록 한다.

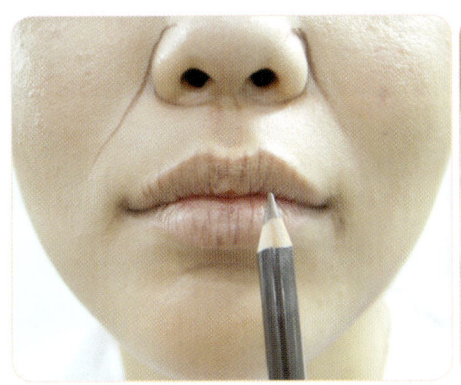 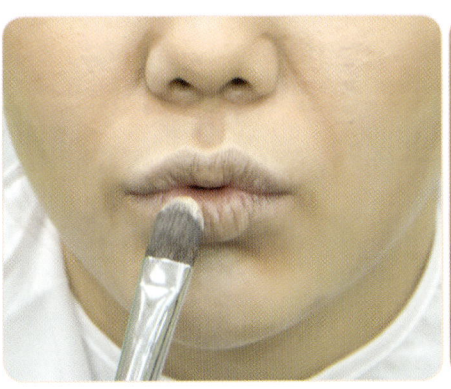 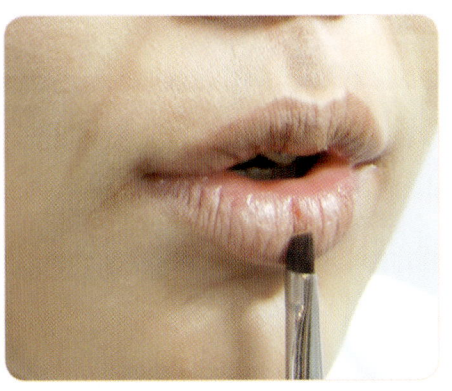

1 브라운 펜슬을 사용하여 입술 주름 라인 부분에 주름을 표현한다.

2 입술을 살짝 오므려 자연스러운 입술 주름이 형성되었을 때 베이지 컬러를 두드리듯 발라준다.

3 자연스러운 내추럴 베이지 컬러로 입술 안쪽부터 그라데이션하여 발라준다.

07 | 마무리

사용한 재료와 도구는 모두 제자리에 정리하고 작업대 위를 깔끔하게 정리한다.

Old Age Makeup - finish works

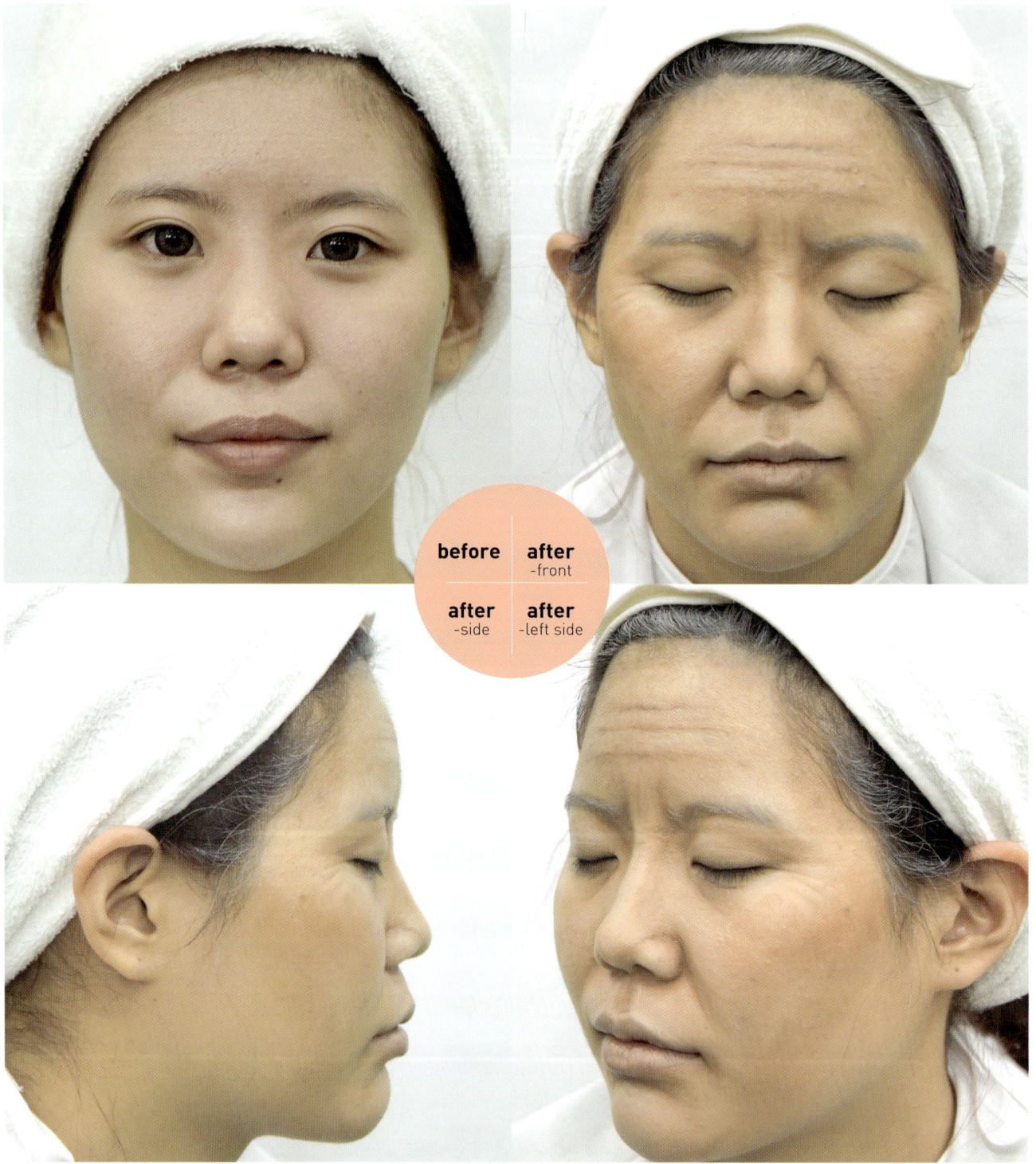

before | after -front

after -side | after -left side

Chapter
04
EYELASHES EXTENSION & MUSTACHE
속눈썹 익스텐션 및 수염

1. 속눈썹 익스텐션
2. 미디엄수염 붙이기

EYELASH
EXTENSION

속 눈 썹   익 스 텐 션

Makeup Artist Certification

25 min

배점 **15**

개요

01 | 과제개요

속눈썹 연장	배점	작업시간
아이패치 부착, 전처리제 도포, 속눈썹 연장	15점	25분

02 | 심사기준

구분	사전심사 및 숙련도				완성도
	소독	아이패치	전처리제	속눈썹 연장	
배점	3	2	2	4	4

03 | 심사 포인트

(1) 사전심사

【수험자의 복장 및 마네킹 준비】
① 수험자가 규정에 맞는 복장을 하고 있는기?
② 수험자가 불필요한 액세서리 등을 착용하고 있지 않는가?
③ 마네킹은 속눈썹 연장이 되어 있지 않은 인조 속눈썹만 부착되어 있는가?

【테이블 세팅】
① 시술에 필요한 준비목록이 모두 구비되어 있는가?
② 과제에 불필요한 도구 및 재료가 세팅되어 있지 않는가?
③ 작업 테이블이 위생적으로 정리되어 있는가?
④ 위생이 필요한 도구를 적절하게 소독하였는가?

(2) 본심사

【시술 순서 및 숙련도】
① 시술 순서가 잘못되시 않았는가?
② 전체 과정을 얼마나 능숙하게 작업하였는가?

【속눈썹 연장】
① 적절한 위치에 아이패치를 부착하였는가?
② 전처리제 도포 시 우드 스파츌라를 속눈썹 아래에 받쳐서 작업하였는가?
③ 규격에 맞는 싱글모를 사용하였는가?
④ 전체적으로 중앙이 길어 보이는 라운드형(부채꼴)의 속눈썹을 연장하였는가?
⑤ 5가지 길이의 속눈썹을 모두 사용하여 자연스러운 디자인이 되게 완성하였는가?
⑥ 모근에서 1~1.5mm를 떨어뜨려 부착하였는가?
⑦ 인조 속눈썹에 최소 40가닥 이상의 속눈썹을 연장하였는가?
⑧ 눈 앞머리 부분의 속눈썹 2~3가닥을 제외하고 연장하였는가?
⑨ 속눈썹 연장용 아이패치 이외의 테이프류 및 인증이 되지 않은 글루를 사용하지 않았는가?

사전심사
Pre-evaluation

01 | 수험자 및 마네킹 준비 상태

1 수험자
① 상의 : 반팔 또는 긴팔의 흰색 위생복(1회용 가운 불가)
② 하의 : 긴바지(소재 무관)

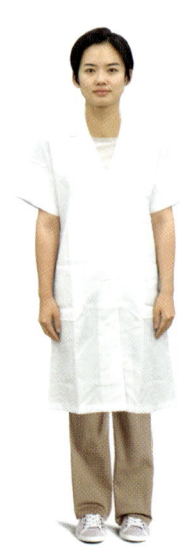

> **│ 기타 주의사항 │**
> • 복장에 소속을 나타내거나 암시하는 표식이 없을 것
> • 눈에 보이는 표식(네일 컬러링, 디자인 등)이 없을 것
> • 스톱워치나 휴대전화 사용 금지
> • 재료 구별을 위한 스티커 부착 금지

2 마네킹 준비 상태
① 속눈썹 연장이 되어있지 않아야 하며, 5~6mm의 인조 속눈썹만 부착되어 있을 것

3 채점 대상에서 제외되는 경우
① 시험의 전체 과정을 응시하지 않은 경우
② 시험 도중 시험장을 무단으로 이탈하는 경우
③ 부정한 방법으로 타인의 도움을 받거나 타인의 시험을 방해하는 경우
④ 무단으로 모델을 수험자 간에 교체하는 경우
⑤ 요구사항 등의 내용을 사전에 준비해온 경우
　(예) 눈썹을 미리 그려 온 경우, 수염 과제를 미리 해온 경우, 턱 부위에 밑그림을 그려온 경우, 속눈썹(J컬)을 미리 붙여온 상태 등)
⑥ 마네킹을 지참하지 않은 경우

4 오작사항
① 요구된 과제가 아닌 다른 과제를 작업하는 경우
② 작업 부위를 바꿔서 작업하는 경우(속눈썹의 좌우를 바꿔서 작업하는 경우 등)

5 감점사항
① 수험자의 복장상태, 모델 및 마네킹의 사전 준비 상태 등이 미흡한 경우
② 필요한 기구 및 재료 등을 시험 도중에 꺼내는 경우
③ 시험시간을 초과하여 작업하는 경우 해당 과제 0점 처리
④ 인조 속눈썹이 미리 부착되어 있지 않을 때

> ※공개문제 도면의 헤어 스타일(업스타일, 흰머리 표현 등) 및 장신구(티아라, 비녀 등 지참 불가) 등은 채점 대상이 아님

02 | 과제 요구사항

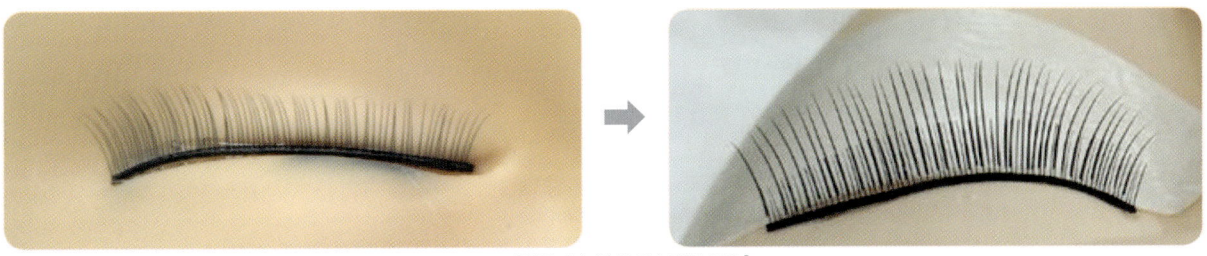

[왼쪽 속눈썹의 익스텐션 전후]

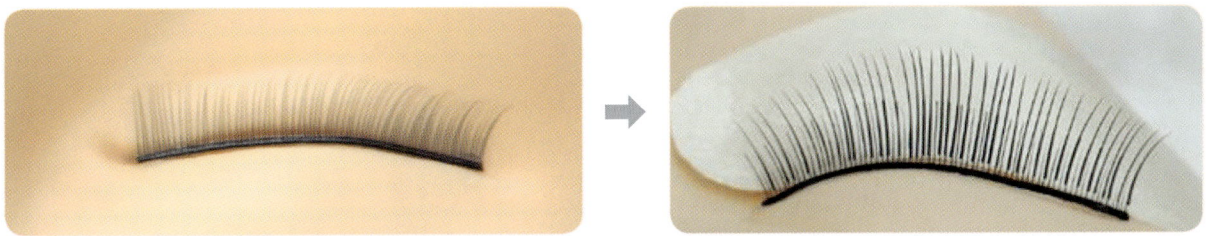

[오른쪽 속눈썹의 익스텐션 전후]

03 | 작업대 세팅

※마네킹은 사전에 5~6mm 정도의 인조속눈썹이 50가닥 이상이 부착된 상태로 준비한다.

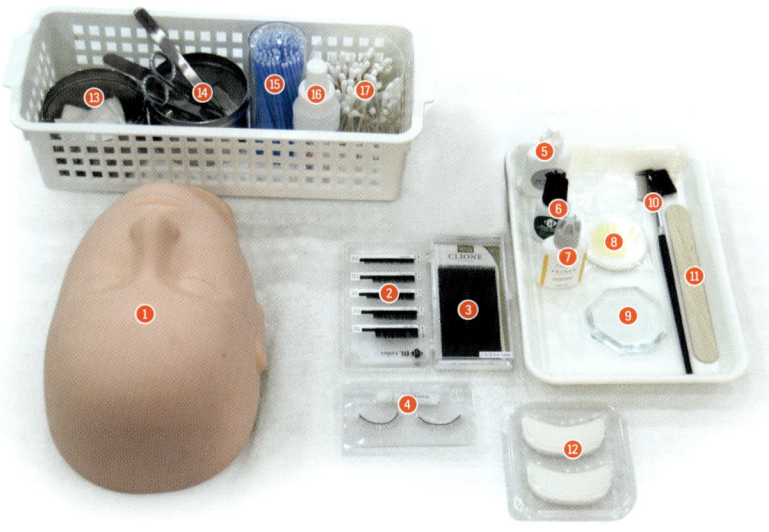

| 작업대 세팅 시 주의사항 |
• 시험 전 메이크업 도구관리 체크리스트에 따라 사전점검 작업을 실시한다.
• 시험 도중에는 도구나 재료를 꺼낼 수 없으므로 모든 재료가 세팅되었는지 다시 한번 체크한다.

준비물 꼭 챙기세요!

01. 마네킹
02. 속눈썹판
03. 속눈썹(8~12mm) J컬
04. 인조 속눈썹(5~6mm)
05. 속눈썹 리무버
06. 속눈썹인증글루
07. 속눈썹 전처리제
08. 글루패치
09. 글루판(옥돌 또는 크리스탈판)
10. 눈썹 브러시
11. 우드 스파츌라
12. 아이패치
13. 미용솜
14. 속눈썹 핀셋(일자형, ㄱ자형), 속눈썹 가위
15. 마이크로 면봉
16. 소독제
17. 면봉

본심사

일러두기
제4과제는 왼쪽 속눈썹 익스텐션, 오른쪽 속눈썹 익스텐션, 미디어 수염, 이 3가지 과제 중 하나가 주어지는데, 속눈썹 익스텐션 과제가 주어졌을 때는 왼쪽인지 오른쪽인지 분명히 인지를 하여 작업하도록 한다. 왼쪽 속눈썹 익스텐션 과제가 주어졌는데, 오른쪽 눈에 작업을 하게 되면 오작이 되어 0점 처리될 수 있으니 주의하도록 한다.

01 | 소독 및 위생

1 수험자의 손 소독하기
멸균거즈에 소독제(안티셉틱)를 2~3회 뿌려 양손을 번갈아가며 양 손등, 손바닥, 손가락 사이를 꼼꼼히 닦아낸 후 위생봉투에 버린다.

2 도구 및 마네킹 소독하기
핀셋, 가위 등의 도구를 안티셉틱으로 소독한 후 멸균거즈에 안티셉틱을 2~3회 뿌려 마네킹의 작업 부위를 소독한다.

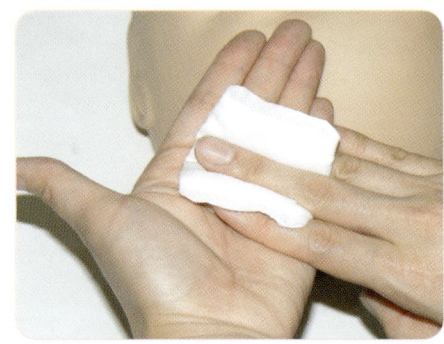
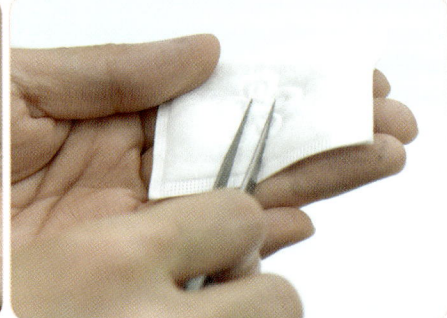
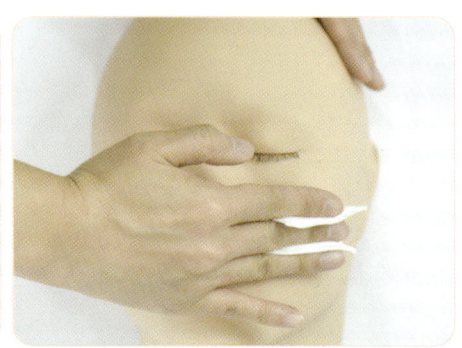

02 | 아이패치 부착 및 전처리제 도포하기

1 아이패치를 눈 라인에 맞게 눈꼬리에서 눈앞쪽 방향으로 부착한다.

2 부착된 속눈썹 아래에 우드 스파출라를 대주고 면봉을 사용하여 전처리제를 균일하게 도포한다.

| Checkpoint |
- 속눈썹 연장용 아이패치 이외의 테이프류 및 인증이 되지 않은 글루는 사용할 수 없다.
- 전처리제를 마이크로 면봉이나 면봉에 묻혀 속눈썹에 발라 준다.
- 전처리제가 눈에 들어가지 않도록 우드 스파출라를 속눈썹 아래에 받쳐서 작업한다.
- 우드 스파출라는 사용 후 반드시 폐기하도록 한다.

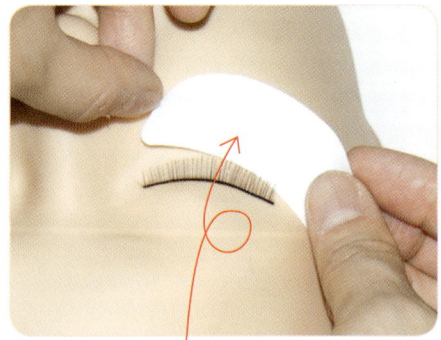

아이패치는 주름이 지지 않게 살짝 당겨 팽팽하게 붙인다.

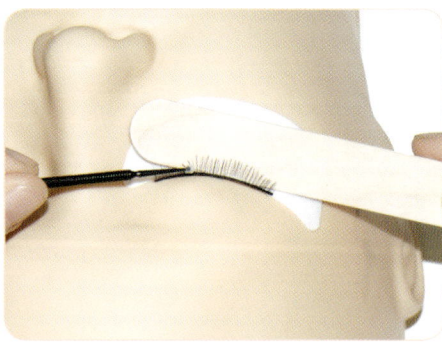

〈오른쪽 눈썹〉

| 감점요인 |
- 인조속눈썹이 미리 부착되어 있지 않을 때
- 속눈썹 연장용 아이패치 이외의 테이프류를 부착할 때

Checkpoint | **속눈썹 연장 시 주의사항**

① 전체적으로 중앙이 길어 보이는 라운드형(부채꼴 디자인)의 자연스러운 디자인이 되도록 완성한다.

② 눈 앞머리 부분의 속눈썹 2~3가닥은 연장하지 않는다.

③ 모근에서 1~1.5mm를 반드시 떨어뜨려 부착한다.

④ 연장하는 속눈썹은 마네킹에 부착된 속눈썹 한 개당 하나의 속눈썹(J컬)만 연장한다.

⑤ 시술 중 글루가 마르지 않은 상태에서 인조 속눈썹을 연장한 자리 바로 옆에 속눈썹을 연장하게 될 경우 양쪽 속눈썹이 붙어 서로 뭉치게 될 수 있으니 주의한다.

⑥ 시술 시 가장자리 가까이 붙이게 되면 모가 눈을 찌를 수 있으므로 주의한다.

⑦ 속눈썹이 옆으로 누워지지 않게 붙인다.

⑧ 기존 속눈썹이 분리가 안 되고 뭉쳐져 두세 가닥에 하나를 붙여 속눈썹 숱이 없어 보이거나 뭉쳐 보이지 않게 주의한다.

⑨ 하나의 속눈썹에 2~3가닥을 붙이지 않도록 주의한다.

⑩ 오른쪽 인조 속눈썹에 최소 40가닥 이상의 속눈썹(J컬)을 연장한다.

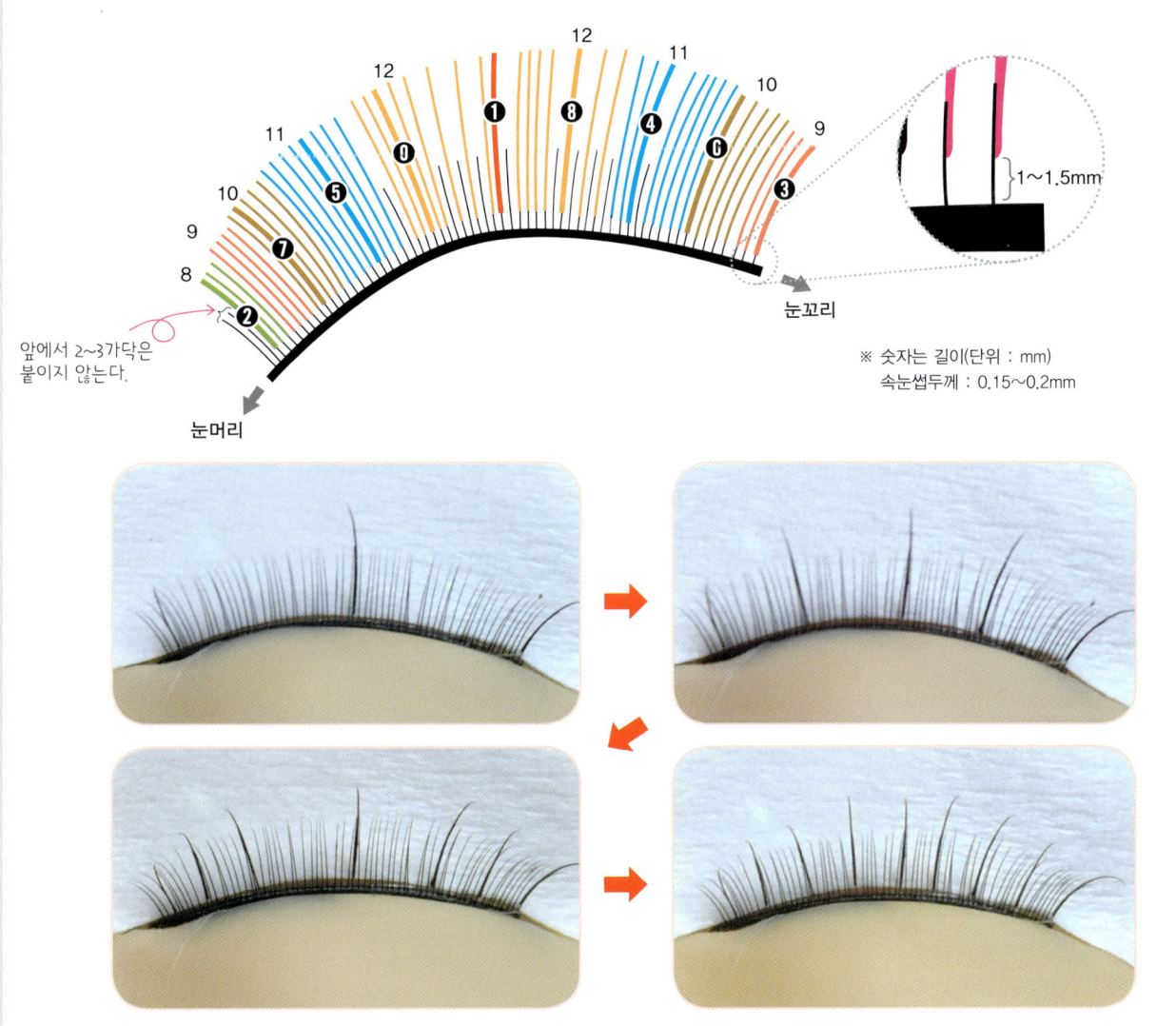

앞에서 2~3가닥은
붙이지 않는다.

눈머리

눈꼬리

1~1.5mm

※ 숫자는 길이(단위 : mm)
   속눈썹두께 : 0.15~0.2mm

04

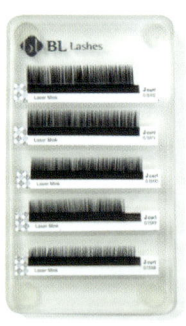

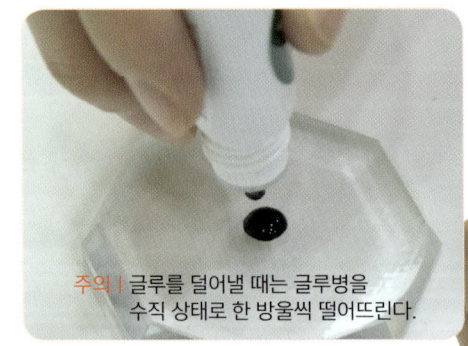

주의 | 글루를 덜어낼 때는 글루병을
수직 상태로 한 방울씩 떨어뜨린다.

1 작업하기 쉽게 가모를 속눈썹 팔레트
에 길이별로 순서대로 정리하여 준비
한다.

2 글루 팔레트에 적당량의 글루를
덜어낸다.

주의 | 곡선핀셋으로 가모를 잡을 때는 가운데를 잡거나
좌우로 휘어진 방향으로 잡지 않도록 한다.

(○)

(×)

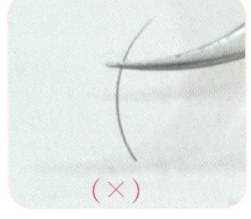

(×)

3 가속눈썹 끝부분 약 4/5 지점을 곡선 핀셋으로 잡아낸다.

| 감점요인 |
• 연장하는 속눈썹(J컬)을 손등 등의 신체부위에 올려놓고 사용할 때
• 인증이 되지 않은 글루를 사용할 때(KC 마크가 있는지 꼭 확인한다)

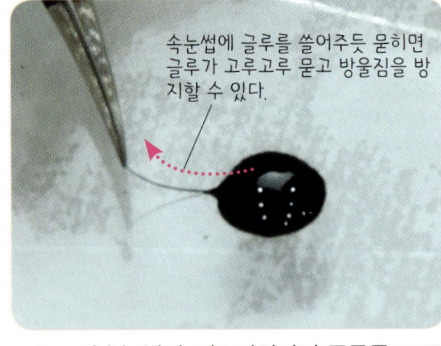

속눈썹에 글루를 쓸어주듯 묻히면
글루가 고루고루 묻고 방울짐을 방
지할 수 있다.

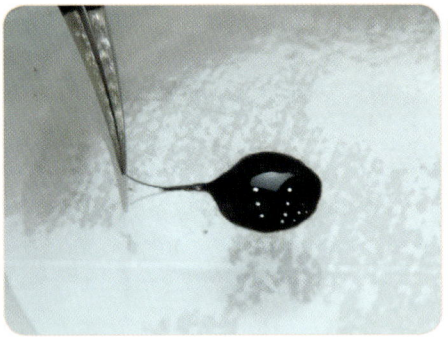

4 가속눈썹의 1/2 지점까지 글루를 고르게 묻힌다.

5 만약 가모에 묻은 글루가 방울져 있으
면 글루판에 가볍게 쓸어주어 방울을
제거한다.

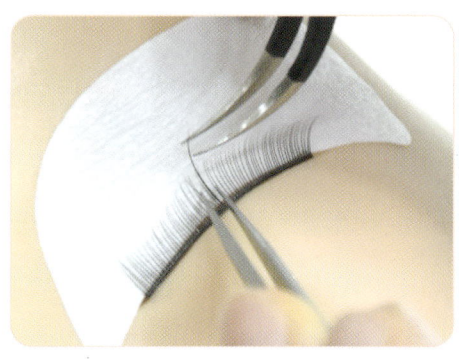

6   12mm 가모를 눈 가운데 중앙 부분에 붙여준다.(❶)

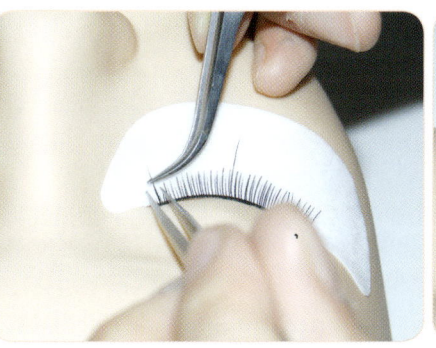

7   눈썹 앞머리 2~3가닥은 연장하지 않고 눈앞머리 부분에 8mm 가모를 붙여준다.(❷)

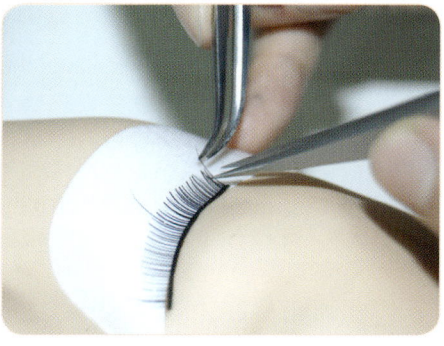

8   눈꼬리 뒷부분에 9mm 가모를 붙여준다.(❸)

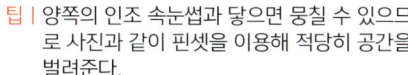

팁 | 양쪽의 인조 속눈썹과 닿으면 뭉칠 수 있으므로 사진과 같이 핀셋을 이용해 적당히 공간을 벌려준다.

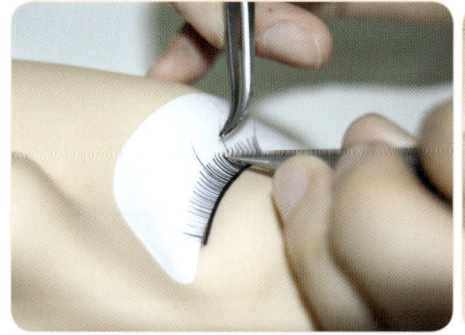

9   눈꼬리(9mm)와 눈매기준점(정중앙 12mm) 사이 중앙 부분에 11mm 가모를 붙여준다.(❹)

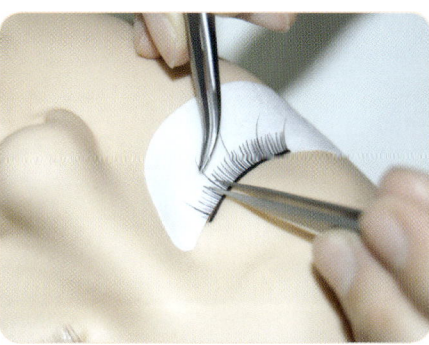

10   앞머리(8mm)와 눈매기준점(정중앙 12mm) 중앙 부분에 11mm 가모를 붙여준다.(❺)

11   뒷머리(9mm)와 (11mm)의 눈매기준점 가운데 부분에 10mm 가모를 붙여준다.(❻)

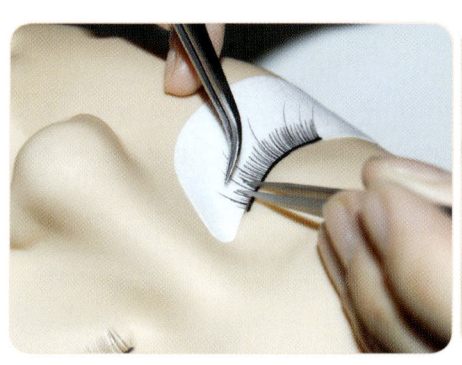

12   앞머리(8mm)와 11mm의 눈매 기준점 가운데 부분에 10mm 가모를 붙여준다.(❼)

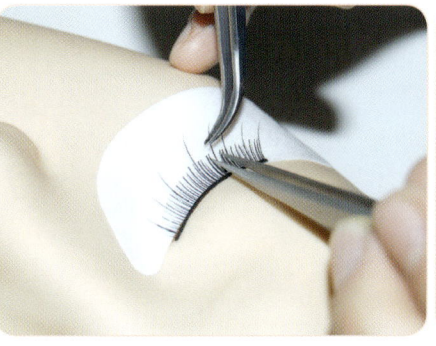

13   눈매기준점(12mm) 가모와 뒷머리 쪽으로 11mm 가모 중앙 부위에 12mm 가모를 붙여준다.(❽)

14   눈매기준점(12mm) 가모와 앞머리 쪽으로 11mm 가모 중앙 부위에 12mm 가모를 붙여준다.(❾)

15 Ⓐ~Ⓔ 부분은 다음과 같이 시술한다.

  (1) 12mm 가모(❽)와 12mm 가모(❾) 사이에 12mm 가모를 붙여준다(Ⓐ 부분).

  (2) 11mm 가모(❹, ❺)를 기준으로 해서 양쪽으로 11mm 가모를 붙여준다(Ⓑ 부분).

  (3) 10mm 가모(❻, ❼)를 기준으로 해서 양쪽으로 10mm 가모를 붙여준다(Ⓒ 부분).

  (4) 눈 앞머리 부분에 2~3가닥의 8mm 가모를 붙인다(Ⓔ 부분).

  (5) 눈꼬리 부분 9mm 가모와 10mm 가모 사이 중앙기점까지와 앞머리 그림과 같이 9mm 가모를 기준으로 해서 양쪽으로 자연스럽게 연결되도록 붙여준다(Ⓓ 부분).

16 전체적으로 자연스러운 부채꼴 모양이 되도록 완성한다. 40가닥 이상의 가모를 부착한 후에 속눈썹 브러시로 정리한다.
※40가닥이 되지 않을 때는 미작으로 인정되어 0점 처리 될 수 있으므로 유의하도록 한다.

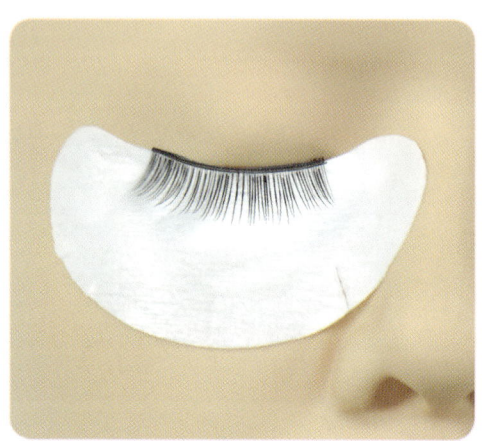

| 감점요인 |

- 연장하는 속눈썹(J컬)을 시술자의 손등이나 마네킹의 이마 위에 올려놓고 사용할 때
- 모근에 바짝 붙여 부착할 때
- 눈 앞머리 부분의 속눈썹 2~3가닥에 연장했을 때
- 연장한 속눈썹이 40가닥이 되지 않을 때

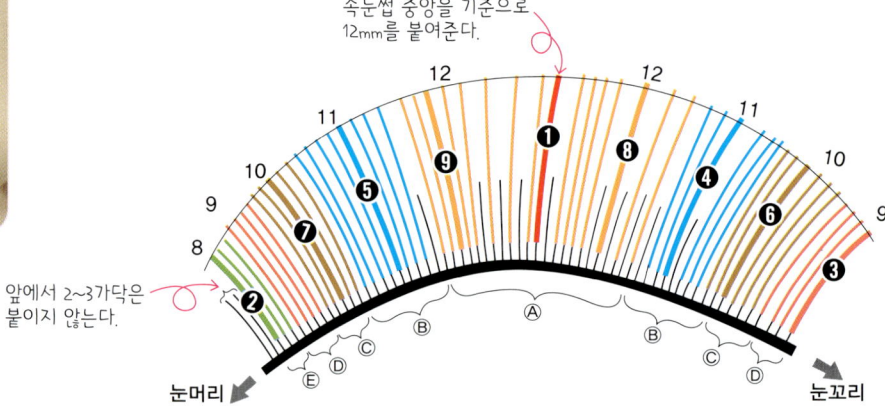

속눈썹 중앙을 기준으로 12mm를 붙여준다.

앞에서 2~3가닥은 붙이지 않는다.

눈머리　눈꼬리

| 참고 |

- 글루를 사용하기 전에 흔들어 내용물이 잘 섞이도록 한다.
- 글루 팔레트에 적당량의 글루를 덜어 연장하는 속눈썹에 한 가닥씩 묻혀 연장한다.
- 글루나 전처리제를 빨리 말리기 위해 에어블로워(Air blower)를 사용하는 것은 허용이 되지 않으므로 주의하도록 한다.

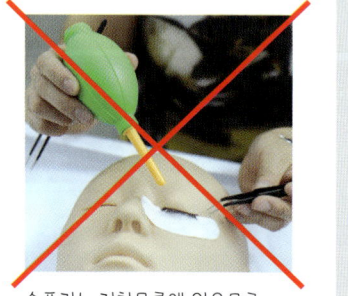

송풍기는 지참목록에 없으므로 사용하면 안 된다.

| Checkpoint |

- 속눈썹이 위로 향하게 정확히 하나의 속눈썹에 한 가닥을 정확히 착지하여 붙인다.
- 글루의 양이 많거나 뭉쳐있을 경우 글루를 흡수시켜 덜어내거나 속눈썹에 위아래로 쓸어가며 눈썹 위에 착지시킨다.

04 | 마무리

사용한 재료와 도구는 모두 제자리에 정리하고 작업대 위를 깔끔하게 정리한다.

MEDIUM MUSTACHE MAKEUP

미디엄 수염 붙이기

01 | 과제개요

수염 부착	배점	작업시간
턱수염 부착, 콧수염 부착	15점	25분

02 | 심사기준

구분	사전심사 및 숙련도			완성도
	소독	턱수염	콧수염	
배점	3	4	4	4

03 | 심사 포인트

(1) 사전심사

【수험자의 복장】
① 수험자가 규정에 맞는 복장을 하고 있는가?
② 수험자가 불필요한 액세서리 등을 착용하고 있지 않
는가?

【마네킹 및 수염 준비상태】
① 마네킹은 속눈썹 연장이 되어 있지 않은 인조 속눈썹
만 부착되어 있는가?

【테이블 세팅】
① 시술에 필요한 준비목록이 모두 구비되어 있는가?
② 과제에 불필요한 도구 및 재료가 세팅되어 있지 않
는가?
③ 작업 테이블이 위생적으로 정리되어 있는가?
④ 위생이 필요한 도구를 적절하게 소독하였는가?

(2) 본심사

【시술 순서 및 숙련도】
① 시술 순서가 잘못되지 않았는가?
② 전체 과정을 얼마나 능숙하게 작업하였는가?

【수염 부착】
① 완성된 수염의 길이가 마네킹의 턱 밑 1~2cm 정도
로 작업하였는가?
② 좌우 균형, 위치, 형태에 맞게 수염을 부착하였는가?
③ 수염의 양, 길이 및 형태가 도면과 유사한가?
④ 시술 시 지정된 재료 및 도구 이외의 것을 사용하지
않았는가?

04 | 과제 요구사항

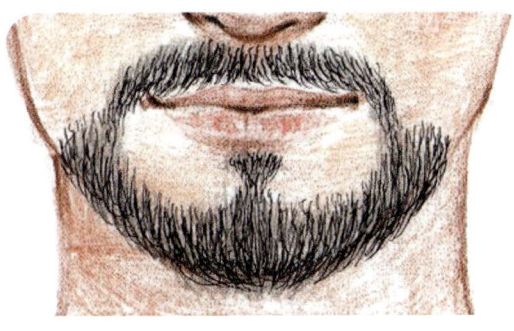 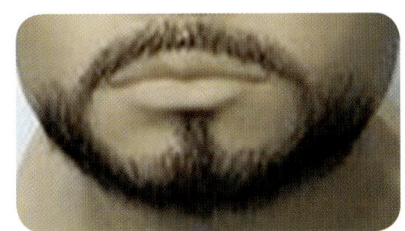

① 제시된 도면을 참고하여 현대적인 남성스타일을 연출(단, 완성된 수염의 길이는 마네킹의 턱 밑 1~2cm 정도)
② 수염의 양과 길이 및 형태는 도면과 같이 완성할 것
③ 빗과 핀셋으로 붙인 수염을 다듬은 후 고정 스프레이와 라텍스 등을 이용하여 스타일링할 것

05 | 작업대 세팅

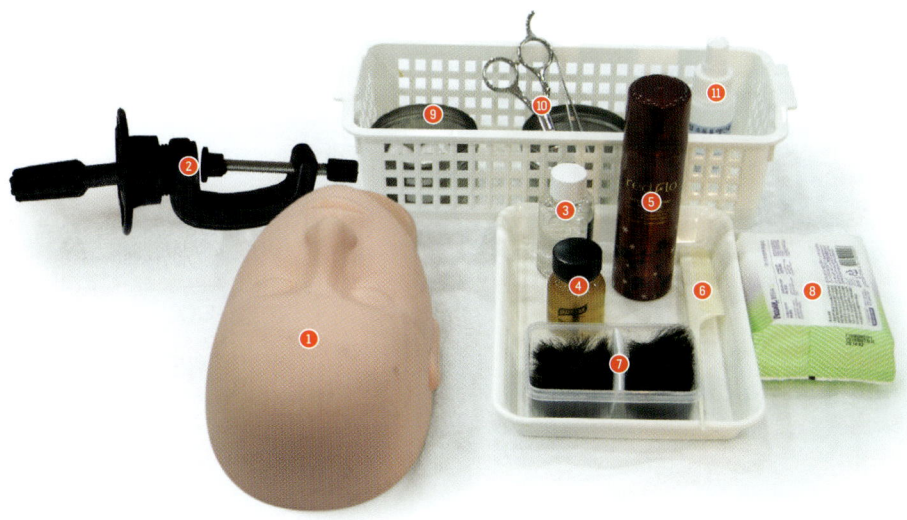

준비물 꼭 챙기세요!

01. 마네킹	07. 가공된 수염(검정색)
02. 마네킹 고정대	08. 물티슈
03. 리무버	09. 화장솜
04. 스프리트검	10. 수염가위, 족집게, 핀셋
05. 스프레이	11. 소독제
06. 꼬리빗	

| 작업대 세팅 시 주의사항 |
• 시험 전 메이크업 도구관리 체크리스트에 따라 사전점검 작업을 실시한다.
• 시험 도중에는 도구나 재료를 꺼낼 수 없으므로 모든 재료가 세팅되었는지 다시 한번 체크한다.

본심사

01 | 소독 및 위생

1 수험자의 손 소독하기
멸균거즈에 소독제(안티셉틱)를 2~3회 뿌려 양손을 번갈아가며 양 손등, 손바닥, 손가락 사이를 꼼꼼히 닦아낸 후 위생봉투에 버린다.

2 도구 및 마네킹 소독하기
① 핀셋, 가위, 빗 등의 도구를 안티셉틱으로 소독한다.
② 멸균거즈에 안티셉틱을 2~3회 뿌려 마네킹의 작업 부위를 소독한다.

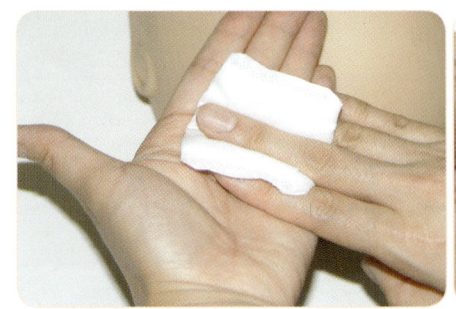 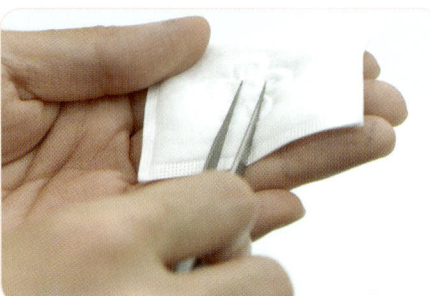 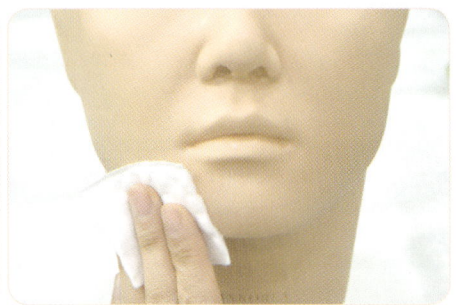

02 | 턱수염 부착 전 준비

① 가급적 턱수염 부착 작업 시 사진과 같이 고정대를 테이블에 고정시킨 후 마네킹을
　수직으로 세워둔다.
② 작업대에 위생 봉투를 부착한다.
③ 준비해 둔 인조수염을 가지런히 펼쳐둔다.

| 감점요인 |
지정된 재료 및 도구 이외의 것으로 작업할 때

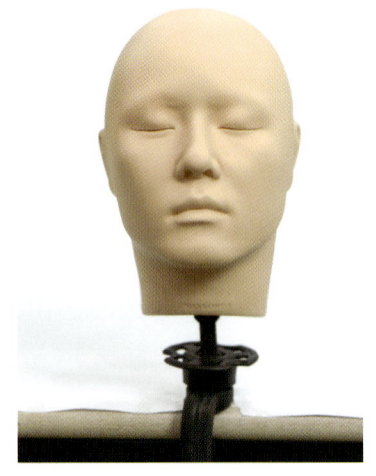 

1 가위로 수염을 적당한 크기로 잘라준다.

2 수염을 사진처럼 잡은 상태로 엄지를 위로 올려 고른 면이 붙을 수 있게 해준다.

3 수염을 골고루 붙일 수 있게 옆으로 펼쳐준다.

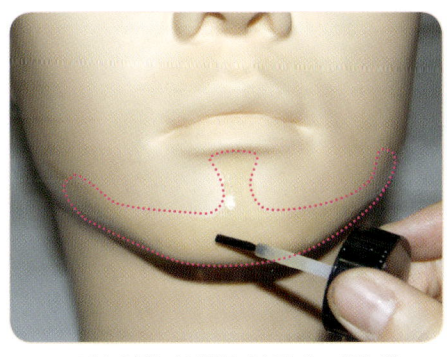

4 턱수염을 부착할 부위에 접착제(스프리트 검 또는 프로세이드)를 골고루 도포한다.

주의 | 접착제를 여러 번 덧칠할 경우 두껍게 도포되어 접착력이 오히려 떨어지고 자국이 남게 될 수 있으므로 주의한다.

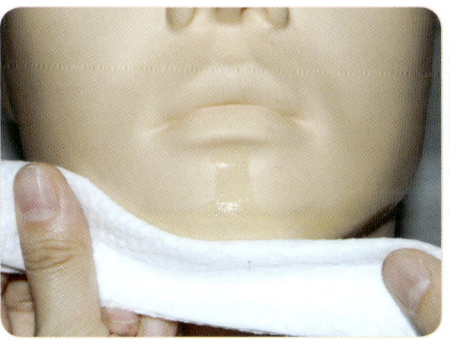

5 접착제를 도포한 부위를 젖은 거즈로 찍어내듯 눌러준다.

팁 | 스프리트 검은 어느 정도 말라야 접착력이 생긴다.

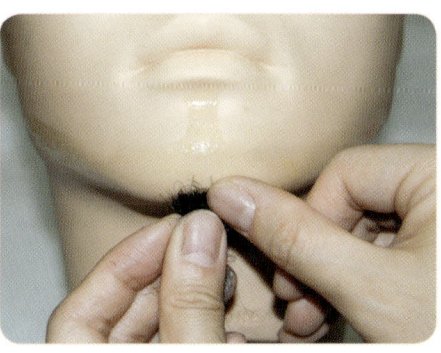

6 수염을 턱 중간을 시작으로 수염을 좌우로 균형을 맞춰 붙여나간다.

팁 | 접착제를 1분 정도 말려 약간 투명해지고 접착력이 생겼을 때 수염을 붙여야 수염이 잘 붙는다.

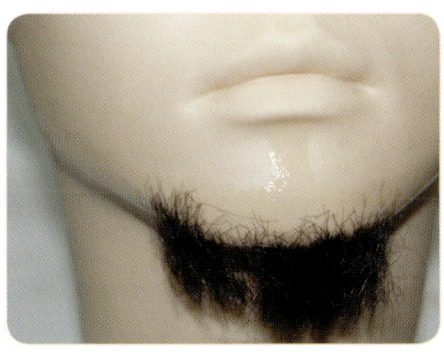

7 수염을 약간 펼쳐 선이 생기지 않도록 수염의 면을 이용하여 좌우 균형을 맞춰주면서 붙인다.

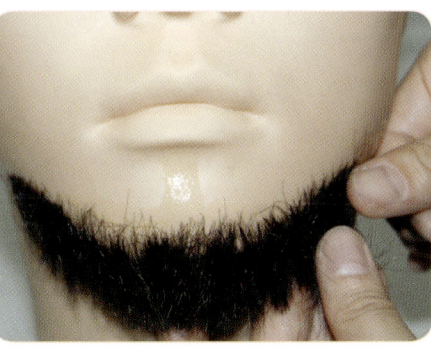

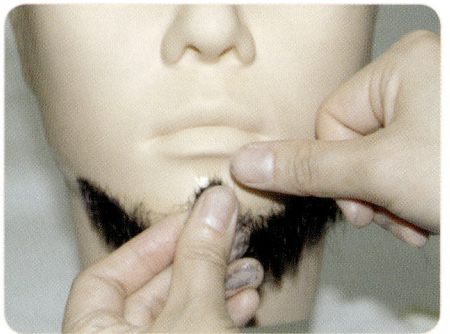

8 수염을 소량 집어 입술 아래에 붙인다.

수염 보정하기

9 꼬리빗을 사용하여 가볍게 살짝 빗어 숱이 많거나 엉키거나 제대로 접착되지 않은 부분을 정리해 준다.

10 핀셋으로 턱수염의 경계를 그라데이션하고, 뭉치거나 잘못 붙은 수염을 솎아낸다.

11 가위로 도면과 같이 위로 갈수록 자연스럽게 다듬어준다.

04 ┃ 콧수염 부착하기

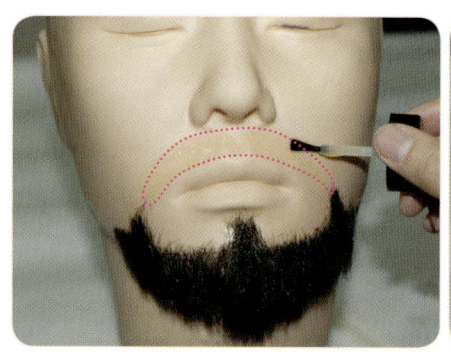
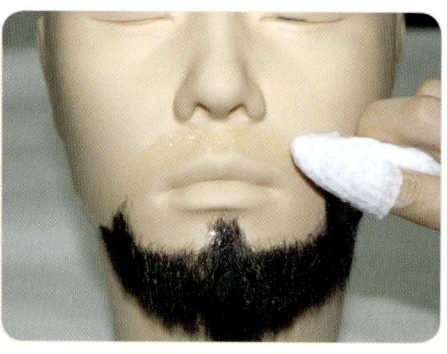
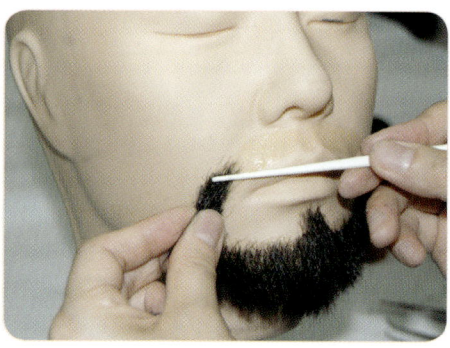

1 콧수염을 부착할 부위에 스프리트 검 (접착제)을 골고루 도포한다.

2 접착제를 도포한 부위를 젖은 거즈로 찍어내듯 눌러준다.

3 꼬리빗 끝부분을 이용해 수염을 붙여 나간다.

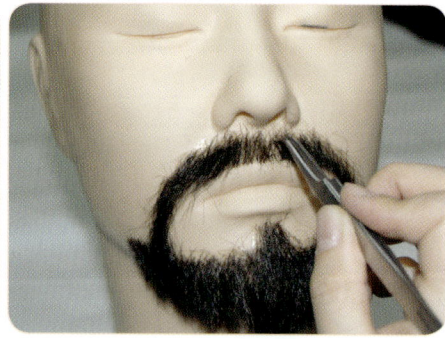

4 코중앙에 붙일 수염은 약 1cm 정도로 재단한다.

5 핀셋으로 콧수염의 경계를 그라데이션하고, 뭉치거나 잘못 붙은 수염을 솎아낸다.

6 꼬리빗을 사용하여 가볍게 살짝 빗어 숱이 많거나 엉키거나 제대로 접착되지 않은 부분을 정리해 준다.

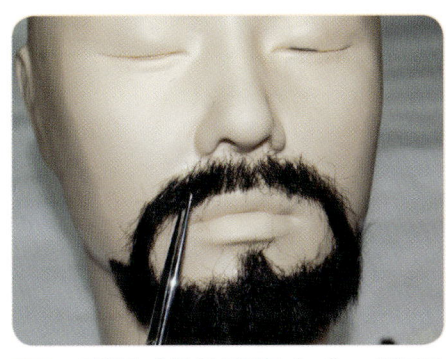

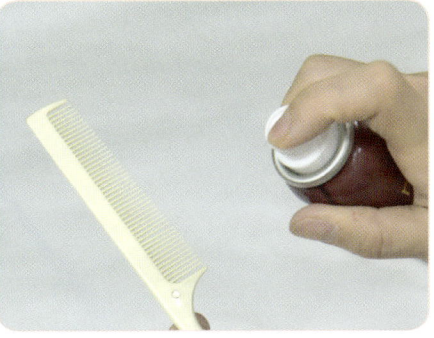

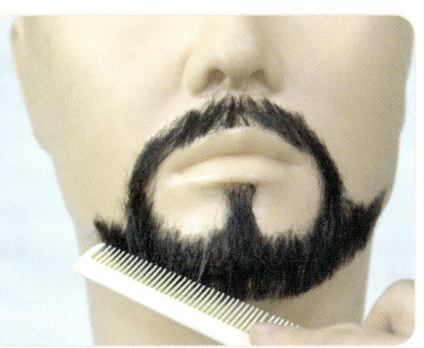

7 가위로 수염의 길이를 1~2cm 정도로 잘라주고 형태를 잡아준다. 작업 후 고정 스프레이와 라텍스 등을 이용하여 스타일링을 한다.

8 꼬리빗의 끝부분에 고정 스프레이나 라텍스를 도포한다.

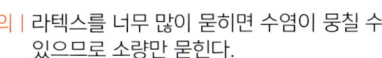
주의 | 라텍스를 너무 많이 묻히면 수염이 뭉칠 수 있으므로 소량만 묻힌다.

9 꼬리빗을 사용하여 수염의 형태를 잡아가면서 정리한다.

| Checkpoint |

• 멸균 거즈를 이용하여 마네킹에 붙은 수염을 정리해 준다.
• 작업대 위의 수염을 정리하여 위생봉투에 버린다.

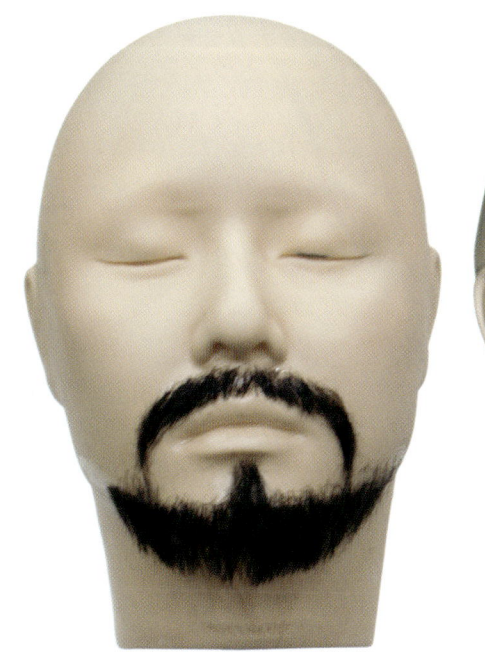

[front]

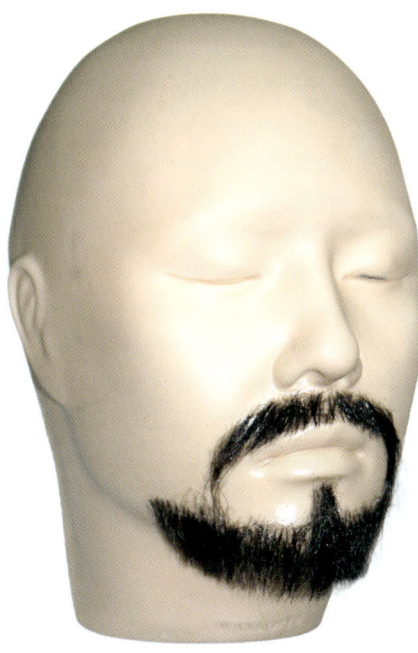

[Right side]

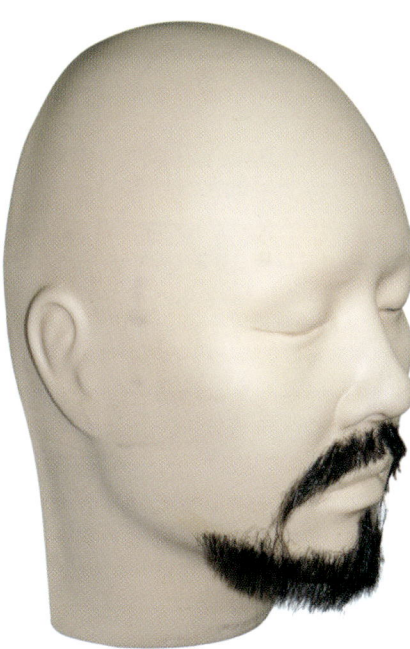

[side]

메이크업 미용
위생관리

01 메이크업 샵 위생관리

① 미용도구는 사용할 때까지 자외선 살균기 속에 보관한다.

② 사용하는 동안 모든 도구들은 위생적으로 관리한다.

③ 메이크업을 할 때 사용된 모든 도구들과 물건들은 세척하고 위생처리하여 밀폐된 용기나 캐비넷 위생기 안에 보관한다.

④ 고객들에게 사용하고 난 모든 설비들을 알코올이나 다른 소독 용액으로 적신 면 패드로 씻어 내고 닦아서 소독한다.

⑤ 메이크업 숍의 벽과, 커튼, 그리고 바닥을 자주 청소하여 청결을 유지한다.

⑥ 메이크업디자이너는 고객에게 메이크업 기초를 시작하기 전후 손을 철저하게 씻고 소독한다.

⑦ 스파출러와 같은 플라스틱 제품을 사용할 경우 고객의 피부에 직접 닿지 않도록 한다.

⑧ 자주 사용하는 분첩, 립스틱 용기, 얼굴에 사용하는 기구, 아이메이크업 시에 사용하는 면봉, 속눈썹을 칠하는 솔, 아이메이크업 도구, 이와 유사한 제품은 반드시 소독해서 사용한다.

⑨ 로션, 크림, 파우더 등은 깨끗한 밀폐용기 안에 보관하고, 용기 안에 있는 제품을 사용할 때에는 스파출라를 사용한다.

⑩ 살균한 거즈 또는 화장용 스펀지로 로션과 파우더를 바른다.

⑪ 화장품 용기는 항상 뚜껑을 닫도록 하며, 용기 안의 제품을 다 쓰더라도 다른 제품을 용기 안에 넣어서는 안 된다.

⑫ 고객이 착용한 가운이나 화장케이프는 다시 세탁해서 소독이 될 때까지 다른 고객에게 사용하지 않도록 한다.

⑬ 메이크업 시술을 하면서 자신의 얼굴이나 머리카락이 고객의 얼굴에 닿지 않도록 한다.

02 메이크업 도구 세척 방법

(1) 라텍스

① 라텍스에 비누를 발라 약간 미지근한 물에 손가락으로 조물조물 누르면서 세척 후 흐르는 물에 헹군다.

② 수건에 일자로 펼쳐 놓고 그 위에 수건을 겹치고 두들기거나 돌돌 말면서 남아있는 물기를 제거한다.

③ 통풍이 잘되는 곳에 살짝 기대어 세워서 말린다.

(2) 퍼프

① 폼 클렌징이나 비누를 미온수에 녹인 후 면이 손상되지 않도록 부드럽게 쓰다듬듯이 빤 후 유연제를 푼 물에 담갔다 뺀다.

② 퍼프는 구김이 생기면 감촉이 나빠지므로 짤 때에는 양 손바닥을 사용해 짠다.

③ 빨랫줄에 리본을 걸어 통풍 좋은 그늘에서 말리거나 라텍스처럼 세워서 말린다.

(3) 스파출라

① 스파출라에 남아 있는 잔여물을 티슈로 제거한다.

② 중성 세제로 세척한다.

③ 자외선 소독기에서 소독한다.

(4) 족집게, 가위 눈썹칼

① 먼지와 제품의 잔여물을 물티슈나 티슈로 제거한다.

② 알코올로 분무하여 소독한다.

(5) 메이크업 브러시

① 천연모 브러시

• 샴푸에 물을 넣어 희석한 후 연한 컬러를 사용한 브러시부터 희석한 샴푸 물에 넣었다가 빼서 손바닥에서 결대로 세척한다.

• 흐르는 물에 헹구어 린스를 넣어 희석한 물에 담갔다가 꺼내어 흐르는 물에 헹군다.

• 손으로 모양을 잡아내고 바닥에 닿지 않게 말아 놓은 수건 위에 띄어서 말려준다.

② 기타 브러시(립, 아이라인, 파운데이션, 컨실러 등)

• 비누, 주방 세제, 브러시 전용 세척제를 묻혀서 손가락으로 누르듯이 조물조물 하여 세척한다.

• 흐르는 물에 헹구어 수건에 감싸 물기를 제거하고 손으로 모양을 잡아둔다.

• 수건 위에 옆으로 뉘어 그늘에서 말리거나 털끝을 아래로 벽에 붙여서 말린다.

(6) 아이래시 컬러

① 알코올이나 토너를 티슈에 묻혀 마스카라나 피지 등이 묻기 쉬운 프레임 상부를 닦는다.

② 프레임 하부에 끼워진 고무 부분도 알코올이나 토너로 깨끗이 닦는다.

③ 고무를 지지하는 부분은 얼굴에 직접 닿으므로 알코올이나 토너로 깨끗이 닦는다.

03 미용사 위생관리

① 손 씻기 : 비누 또는 소독제를 이용해 손과 손가락을 깨끗이 씻는다.

② 체취 및 구취 관리 : 고객과 가까운 거리에서 직무를 수행하므로 체취 또는 구취로 인해 불쾌감을 줄 수 있으므로 각별히 관리한다.

③ 복장 관리 : 항상 청결하고 단정한 복장을 한다.

④ 개인위생관리 수칙을 준수한다.

MAKEUP
PAINTING
PRACTICE

메이크업 실습

베이스 메이크업	눈썹	눈	볼	입술	배점	작업시간
• 결점 커버 • 윤곽 수정	• 색상 : 흑갈색 • 모양 : 둥근형	연핑크 + 연보라	핑크	핑크	30점	40분

베이스 메이크업	눈썹	눈	볼	입술	배점	작업시간
• 결점 커버 • 윤곽 수정	• 색상 : 흑갈색 • 모양 : 둥근형	피치색 + 브라운 + 골드펄	피치색	핑크	30점	40분

베이스 메이크업	눈썹	눈	볼	입술	배점	작업시간
• 결점 커버 • 윤곽 수정	브라운색	• 펄피치 • 브라운색 • 크림색	오렌지 계열색	오렌지 레드색	30점	40분

베이스 메이크업	눈썹	눈	볼	입술	배점	작업시간
• 리퀴드 파운데이션 • 투명 파우더	자연스러운 눈썹	• 베이지색 • 브라운색	피치색	베이지 핑크색	30점	40분

04
뷰티 메이크업

내추럴

베이스 메이크업	눈썹	눈	볼	입술	배점	작업시간
• 결점 커버 • 윤곽 수정	• 눈썹 커버 • 아치형	펄이 없는 갈색	브라운색 핑크색	레드 브라운색	30점	40분

베이스 메이크업	눈썹	눈	볼	입술	배점	작업시간
• 밝은 핑크 톤의 파운데이션 • 윤곽 수정	양 미간이 좁지 않은 각진 눈썹	핑크색 베이지색	핑크색	레드색의 아웃커브	30점	40분

베이스 메이크업	눈썹	눈	볼	입술	배점	작업시간
• 리퀴드 또는 크림 파운 데이션	• 브라운색 • 눈썹산 강조	화이트 베이스, 핑크, 네이비, 그레이, 어두운 청색 등	• 핑크색 • 라이트 브라운색	베이지 핑크색	30점	40분

베이스 메이크업	눈썹	눈	볼	입술	배점	작업시간
크림 파운데이션으로 창백한 피부 표현	눈썹결 강조	화이트, 베이지, 그레이, 검정색	레드 브라운	검붉은색	30점	40분

베이스 메이크업	그라데이션	눈	볼	입술	배점	작업시간
밝은 색 파운데이션	옐로, 오렌지, 브라운 색의 아쿠어 컬러나 아이섀도	• 흰색 아이홀 • 검정색 아이라이너 • 눈꺼풀 위와 눈밑 언더라인의 트임	레오파드 무늬	• 버건디 레드 • 인커브	25점	50분

베이스 메이크업	눈썹	눈	볼	입술	배점	작업시간
• 결점 커버 • 윤곽 수정	• 브라운+검정 • 곡선형	• 흰색 눈썹뼈 • 연분홍 아이섀도 • 눈꼬리 및 언더라인 : 마젠타	핑크색	• 레드 립라이너 • 핑크 가미된 레드로 블렌딩	25점	50분

베이스 메이크업	눈썹	눈	볼	입술	배점	작업시간
• 핑크 파우더	• 다크 브라운 + 검정 • 갈매기 형태	• 핑크, 퍼펄 • 흰색 • 아쿠아블루	핑크색	• 로즈색 • 핑크색	25점	50분

베이스 메이크업	굴곡 및 돌출	주름	눈썹	입술	배점	작업시간
피부톤보다 어둡게	셰이딩 & 하이라이트	회갈색	회갈색	내추럴 베이지	25점	50분

MAKE-UP

Makeup Artist Certification

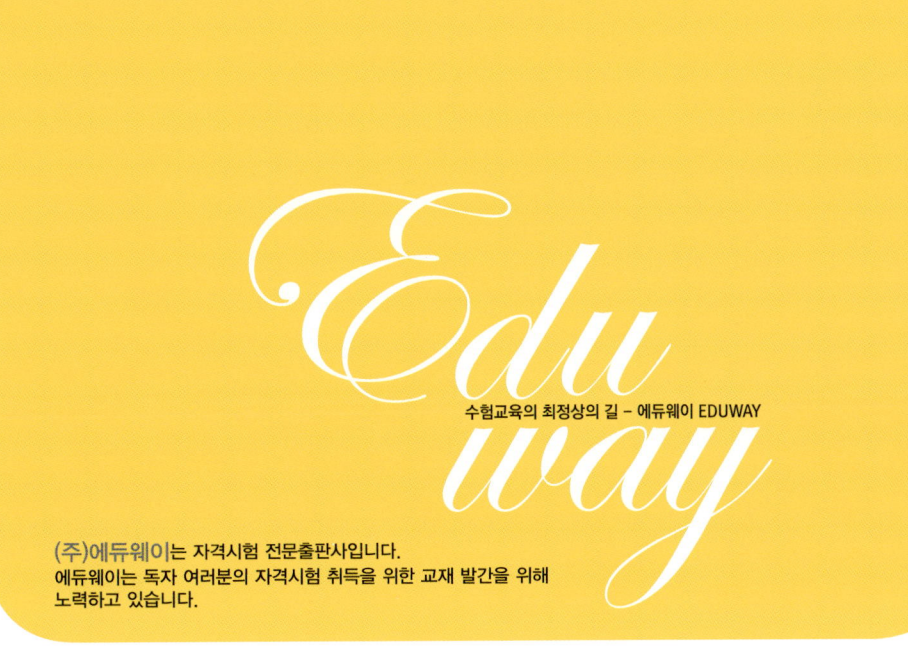

수험교육의 최정상의 길 - 에듀웨이 EDUWAY

(주)에듀웨이는 자격시험 전문출판사입니다.
에듀웨이는 독자 여러분의 자격시험 취득을 위한 교재 발간을 위해
노력하고 있습니다.

메이크업미용사 실기

2026년 02월 20일 10판 1쇄 인쇄
2026년 02월 28일 10판 1쇄 발행

지은이 조효정·에듀웨이 R&D 연구소(미용부문)
펴낸이 송우혁 | 펴낸곳 (주)에듀웨이 | 주소 경기도 부천시 소향로13번길 28-14, 8층 808호(상동, 맘모스타워)
대표전화 032) 329-8703 | 팩스 032) 329-8704 | 등록 제387-2013-000026호 | 홈페이지 www.eduway.net

기획·진행 에듀웨이 R&D 연구소 | 북디자인 디자인동감 | 교정교열 정상일 | 인쇄 미래피앤피

Copyright©조효정·에듀웨이 R&D 연구소, 2026. Printed in Seoul, Korea

• 잘못된 책은 구입한 서점에서 바꿔 드립니다.
• 이 책에 실린 모든 내용, 디자인, 사진, 이미지, 편집 구성의 저작권은 (주)에듀웨이와 저자에게 있습니다.
  허락없이 복제하거나 다른 매체에 옮겨 실을 수 없습니다.

책값은 뒤표지에 있습니다.

ISBN 979-11-94328-18-6

이 도서의 국립중앙도서관 출판시도서목록(CIP)은 서지정보유통지원시스템 홈페이지(http://seoji.nl.go.kr)와 국가자료공동목록시스템
(http://www.nl.go.kr/kolisnet)에서 이용하실 수 있습니다.

Foundation
eyeshadow
NAIL
COLOR
12
Beauty
from
Paris
with love
corrector pencil
style
mascara
forever
young
Beauty
is a
dramatic
power
and fashion
from
Paris
with love
Foundation